U0003291

A NATURAL HISTORY OF THE FUTURE

未來自然史

生物法則所揭示的人類命運

What the Laws of Biology Tell Us
About the Destiny of the Human Species

羅伯·唐恩 Rob Dunn 著　　呂奕欣 譯

獻給我的父親，
一個總喜歡有計畫的人。

目錄

引言

　　我成長過程中聽過許多河流的故事。故事中，人類會與河流對抗，而勝利的總是河流。

　　我童年時，河流就是密西西比河與其支流。我在密西根州長大，但祖父的家族是來自密西西比州的格林維爾鎮（Greenville）。祖父小時候，格林維爾是位於土堤後方的古氾濫平原，當初建造土堤，是為了擋住密西西比河。這條河能吞沒船隻，也可以吞沒小男孩，而大約在我祖父九歲時，密西西比河吞沒整座小鎮。河流把房屋往下沖，還把牛群拉走，導致牛被頸上的牽繩勒死。溺斃的人數以百計，之後，格林維爾鎮和過去再也不同。

　　1927年的大洪水似乎是需要解釋的災難。不同的人說起這檔事，詮釋就不同。有一種說法是責怪河流西岸的阿肯色州的「紳士」，這兩州彼此相鄰，中間以密西西比河分隔。若擋住河流的土堤是在密西西比州這邊潰堤，河水會淹沒密西西比州，阿肯色州則可逃過一劫——這次大洪水就是這情況。因此有人在沒有任何證據下，指稱一群阿肯色州的紳士搭船過河，以炸藥在土堤上炸了個洞，導致洪水淹沒格林維爾。其他的解釋則說，大洪水是因為憤怒的上帝降下懲罰。神要復仇時，就喜歡以洪水和瘟疫當作手段，這種說法最早的版本可追溯回蘇美人。在我最常聽到的故事版本中會提到河水水位太高，導致土堤冒泡，之後液化。有時在重述這場洪水時，會提到有個男孩看到土堤有地方開始液化，遂趕緊通知鎮上的居民，這男孩正是我的祖父。

最接近格林維爾洪災真相的故事，則說這是人類想掌控河流的企圖所造成。河流在本質上就會在河岸後方蜿蜒，鑿出新河道，穿越大地。然而自古至今，曲折的河流始終對在河邊附近興建的房屋不利，遑論對城市有威脅。自古至今，河流沿岸都不適合興建大型港口。在大洪水之前幾年，居住在河流沿岸的居民砸下龐大金額興建土堤，避免河流拐彎。過去由時間、物理與機率掌控的河道，如今變成人工掌控。當時的人會說河流經過人類「馴化」、「掌控」，甚至「文明化」，因此城市可以發展，累積財富。馴化河流的過程是帶著驕傲感來執行，有時甚至帶著高傲之心。這種傲慢與人定勝天的信念有關，能讓大自然更接近人類的設計。

數百萬年來，密西西比河年年氾濫，淹沒河邊地勢平坦的平原。河流一如以往，在各個方向移動時，會創造出新樓地，甚至新土地。正如艾米塔‧葛旭（Amitav Ghosh）在《大紊亂》（*The Great Derangement*）中寫到的恆河三角洲：「河水與淤泥的流動之快，原本於深時尺度展開的地質過程，在這裡可逐週與逐月追蹤。」[1]舉例來說，路易斯安納州的地質就是密西西比河在古代移動所造成的，這條河流排乾大陸的水，而路易斯安納州就位於這條河的河口。

樹木的演化仰賴河流的氾濫與移動，草也是。魚類會仰賴密西西比河流域的豐沛水勢，成為其自然生死循環的一部分。

密西西比河沿岸的原住民會依照這循環來耕種、準備糧秣與安排節慶，並在地勢夠高的地方建立聚落，在必要時能躲避洪水。大自然與美洲原住民都會以合作的方式來回應這條河流，善用必然發生的季節與事件優勢。但是在工業化初期，人們得仰賴密西西比河，展開大規模商業運輸，這運輸無法等候大自然，也無法受季節性與緩慢移動的打斷。美國工業化初期需要船隻以固定時間表運行，因此城市（亦即航運貨物的終點站）會盡量接近這條河。工業化需要這條河保持一致性，不能只是可預測而已。

人類想讓這條河保持一致性的嘗試，就是試圖擴大掌控領域，把這條河納入掌控範圍。人們談到河岸時，好像把它類比為水管，水會從中流過，因此可將水重新導向、放慢與加速，甚至停止。這種對河流的觀點帶來諸多後果，也淹沒了我祖父的家園。這條河流自古至今依然狂野，無論我們如何干預，仍像美國詩人阿奇．蘭道夫．阿門斯（A. R. Ammons，1926-2001）所稱，將會「隨著流動，保持故我」。[2]

即使密西西比河如今受到更多限制，它仍將三不五時繼續吞食船隻、小男孩與農場。這條河會淹沒城鎮，一旦發生這情況時，我們或多或少會覺得驚訝。由於氣候變遷，洪水將日益嚴重。這條河的掠奪行為，提醒我們大自然會吞沒人類想逃脫、對抗或主宰自然的嘗試。從這觀點來看，密西西比河宛如生命之河，我們是其中的一部分。企圖掌控密西西比河，恰好暗喻著我們企圖掌控整體自然，尤其是掌控生命。

　　在想像未來時，我們往往會想像自己位於科技的生態系統，這生態系統充斥著機器人、電子裝置與虛擬實境。這樣的未來閃閃發光，科技進步。這樣的未來是數位的，由0與1構成，充滿電力與看不見的連結。這樣的未來——自動化與人工智慧——危機正如諸多新書指出，來自於我們自己的發明。我們會先思考下一個該會出現什麼，事後才思考大自然，彷彿自然只是基因轉殖的盆栽，放在未開啟的一扇窗後方。在描述這樣的未來時，幾乎連不屬於人類的生命都不提，除非是在遙遠的農場（由機器人照料）或在室內花園。

　　在我們想像的未來，彷彿唯一活生生的主角就是我們人類。我們集體設法簡化這充滿生命的世界，讓它為我們服務，把這世界放在我們的約束中，由我們的力量完全掌握，也導致我們幾乎停止去觀看這樣的世界。我們在人類文明與其他生命之間樹立起土堤，這土堤是錯誤之舉，因為它不可能把生物擋在外頭，也因為在嘗試達到這樣的情境時，我們也會付出代價。從我們在自然界的地位、所知的自然法則，及人類與自然界其他部分的關係等規則來看，這都是錯誤。

　　在求學階段，學校會教我們一些自然法則。舉幾個例子吧，我們會學到地球引力、慣性與熵。但大自然的法則不止於此。從查爾斯‧達爾文（Charles Darwin）開始，生物學家發現細胞、身體、生態系統，甚至心智的運動定律，而這些法則正如強納森‧溫納（Jonathan Weiner，譯註：1953年出生的美國科普作家）所言：「就像物理學家提出的地球運動法則一樣單純、一樣普世共通。」[3]如果要理解眼前的未來，就必須把這些生物法則放在內心的首要地位。本書要談論的就是這些法則，以及這些法則訴說了何種未來自然史的訊息。

生物自然的法則中，有一部分是生態學法則，也就是我最常研究的範圍。最有用的生態學法則（以及生物地理學、宏觀生態學與演化生物學等相關領域）是普世共通的，和物理學定律一樣。這些大自然的生物法則和物理學定律一樣，能讓我們進行預測。然而物理學家已指出，這些法則比物理定律更有侷限性，只適用於小小一隅，亦即我們確知宇宙中有生命存在的部分。不過，任何牽涉到我們的故事，就是牽涉到生物，因此就我們所及，這些法則是普世共通的。

究竟關於生物性質的規則要稱為「法則」（正如我在此的用法），或是要稱為「規律」或其他不同名稱，很容易讓人陷入困境。這爭議就留給科學哲學家討論吧。為符合日常用語，我稱之為「法則」。這些包括「叢林法則」——或者叢林、草原、沼澤法則，且因為住家也充滿生命，所以有臥室法則、衛浴法則。最後，我最關心的事實是，知道這些法則有助了解我們如何全力以赴、振臂一呼，燃煤並全速前進什麼樣的未來。

生態學家對多數的自然法則很清楚。這些法則在百年前已有人開始研究，並在近幾十年來隨著統計學、建模、實驗與遺傳學的進步而更複雜精進。由於生態學家都明瞭這些法則，甚至已化為直覺反應，因此鮮少提及。「大家都知道這法則當然是正確的，根本沒什麼好說吧？」但如果近幾十年來沒有詳加思考與討論，那麼這些法則通常不會成為直覺反應。不僅如此，若思及未來，這些法則都導致連生態學家也訝異的結論與後果，且與我們日常生活所做的決定相牴觸。

其中有一條紮實穩固的生物法則，就是「天擇」（natural selection，譯註：也常稱為「自然選擇」）。達爾文的天擇說精妙闡述著生命如何演化。達爾文以「天擇」一詞，反映出每個世代的現實，亦即自然會「選擇」某些個體，而不是其他個體。自然會汰選那些缺乏容易生存與繁衍特徵的個體，對這些個體比較不利，並選擇與嘉惠有生存與繁殖特徵的個體。而受到青睞的個體，就會把基因與基因所編碼的表徵傳遞下去。

達爾文所構想的天擇是緩慢的過程，但我們如今知道，天擇可發生得非常快。我們可在許許多多物種上即時觀察到自然選擇的演化，這不令人意外。令人吃驚的是，天擇這麼簡單的法則所帶來的後果，會像河流一般，勢必流入我們的生命，例如我們每回嘗試消滅一種物種時就會發生。

我們使用抗生素、殺蟲劑、除草劑與任何具有「殺除、對抗」功效的藥劑時，就是在嘗試消滅某物種。我們會在居家、醫院、後院與田野進行此事，甚至在某些情況下也會在森林中應用。此舉就是在展現掌控的能力，和當年沿著密西西比河建立土堤、設法發揮掌控力的人差不多，效果也很容易預測。

近年來，哈佛大學的麥克・貝姆（Michael Baym）與同事打造出巨型培養皿，稱為「巨皿」，並把這個巨皿劃分出幾欄。我會在第十章特別說明這個巨皿及裡頭的各個欄位。這個培養皿非常重要。貝姆在這個巨皿中放入瓊脂，當成微生物的食物與棲息地。在巨皿最外的兩欄除了瓊脂之外，什麼都沒有。而往內移動，每個欄會摻入抗生素，且濃度會依序升高。接下來，貝姆會在巨皿的左右兩邊放入細菌，測試這些細菌會不會對抗生素演化出抗藥性。

這些細菌沒有能授予抗藥性的基因，因此就像毫無防備的綿羊，就這樣進入巨皿。若稱瓊脂為這些細菌「綿羊」的草原，則抗生素就像大野狼。這項實驗是模仿我們在人體中運用抗生素來控制致病細菌的方法，也是模仿我們運用除草劑，控制草坪上的野草。此外，它也是在模仿我們用來阻擋自然流入生活的每一種方法。

接下來發生了什麼？依據天擇法則，我們可以預測，只要遺傳變異透過突變出現，細菌終將對抗生素演化出抗藥性，但這可能需要花上數年，甚至更久。由於耗時甚久，因此細菌可能在演化出能力，擴散到下一個抗生素濃度高、彷彿充滿狼群的欄位之前，就已經沒有食物。

不過，這過程不需要幾年，而是區區十到十二天。

貝姆一次又一次重複這項實驗，每回結果都一樣。細菌會先填滿第一個欄位，之後短暫放慢速度，然後會出現一個對濃度最低的抗生素演化出抗藥性的細菌支系，接下來許多支系都會演化出抗藥性。接著，這些細菌支系會填滿那個欄位，然後再度短暫放慢，之後又有一個以上的株系，對濃度高一級的抗生素演化出抗藥性。這種情況持續下去，直到有幾個支系對濃度最高的抗生素演化出抗藥性，並像水漫過土堤那樣，湧入最後一個欄位。

貝姆實驗中發生的加速過程，著實令人驚懼，然而美麗的程度也不在話下。這實驗的可怕之處，在於細菌面對我們的力量時，能從毫無防備變成所向披靡。而這項實驗的美麗之處在於，只要了解天擇法則，就能預測實驗結果。可預測性會帶來兩種情況。首先，我們可以知道抗藥性可能在何時演化出來，無論是是細菌、床蝨（臭蟲）或其他生物族群皆如此。此外，我們也能管控生命之河，讓抗藥性不那麼容易演化出來。了解天擇法則，對人體的健康福祉來說至關緊要，對人類的生存而言是關鍵所在。

自然尚有其他生物法則，其影響和自然選擇類似。「物種—面積法則」（species-area law）會決定在特定島嶼或棲地的諸多物種，使這些物種成為面積的函數。我們可以利用這法則，預測物種會在何時何地滅絕及演化。「廊道法則」（law of corridors）則是主導物種在面對氣候變遷的未來時，哪些物種會遷移，以及如何遷移。「逃脫法則」則是說明物種若能逃過害蟲與殺蟲劑，則可如何興盛。人類相對於其他物種更能成功、如此昌盛，部分原因就在於逃脫法則。這項法則也透露出我們在未來幾年即將面對的挑戰，因為我們逃脫害蟲、寄生蟲等危害的可能性降低。生態棲位法則（law of the niche），則主導物種（包括人類）可在何處生存，以及在氣候變遷時，最可能在哪裡得以繁榮生存。

　　這些生物性法則的類似之處在於，無論我們是否留意這些法則，結果都還是會發生，更往往因為不夠留意而陷入麻煩。沒能注意到廊道法則，導致我們在無意間幫助了會造成問題的物種（而不是有益或只是無害的物種）進入未來。不留意物種—面積法則，會導致有問題的物種演化，例如倫敦地鐵系統的新蚊種。不留意逃脫的法則，會讓我們揮霍身體或作物沒有寄生物或害蟲時的時間與脈絡。諸如此類的情況不勝枚舉。相反地，如果我們留意這些問題，思考這些問題會如何影響未來的自然史，就能創造出對人類生存更為寬容的世界。

　　其他法則和身為人類的我們有何行為有關。比起更廣泛的生物學法則，人類行為的法則更為狹窄與混亂，但也一樣有諸多傾向。然而，這些傾向會跨越時間與文化，一再重複出現，也和我們對未來的理解有關。原因之一是從這些傾向可看出我們最可能如何行動，也能指出如果違反這規則，我們必須察覺到什麼。

　　人類的行為法則之一是和掌控、和我們傾向簡化生物複雜性有關，例如可能會嘗試把難以捉摸、威力無比的古老河流截彎取直，加以疏通。未來出現的更多新生態環境條件，比過去數百萬年發生的還多。人類族群會暴增。地球已有超過一半是由我們所創造的生態系統涵蓋——城市、農田、廢水處理廠。同時，我們雖然能力尚稱不足，卻直接掌控著地球上諸多最重要的生態過程。地球所有植物所產生的淨初級生產力（net primary productivity），有泰半已為人類食用耗盡。此外，還有氣候。在未來二十年，可能會出現人類從沒接觸過的氣候環境。即使在最樂觀的情境下，到2080年，好幾億人需要遷移到新地區甚至新大陸，才能生存下來。我們以前所未見的規模重塑自然，且大部分的時候，也無心思索是否能另闢蹊徑。

我們在形塑大自然時，行為是傾向利用越來越多的掌控權：讓農田更單純、更工業化，而回到先前的例子，則是使用效果更強的生物滅除劑。我要說，這種作法整體而言是有問題的，尤其在改變中的世界。在變遷的世界，我們試圖掌控的行為傾向，與兩種多樣性法則相牴觸。

第一項多樣性法則是展現在鳥禽類與哺乳類動物的大腦。近年來，生態學家已指出，如果動物大腦會運用創造發明的智慧來執行新任務，則這些動物會在變化多端的環境中受惠。這些動物包括烏鴉、渡鴉、鸚鵡與一些靈長類動物。這些動物運用智慧，緩衝其所遭遇的多元環境條件。這種現象稱為認知緩衝法則。如果原本一致且穩定的環境轉為更加變化無常，這些有創造性智慧的物種就會越常見。這世界就會變成烏鴉的天下。

第二項是多樣性─穩定性法則，這法則說明包含著更多物種的生態系統，長時間下來會比較穩定。若了解這法則及多樣性的價值，在農業上最有幫助。作物多樣性越大的地區，每年的作物產量越穩定，因此作物短缺的風險也越低。再說一遍，雖然我們在面對改變時，常有簡化大自然的傾向，或甚至從無到有重新打造自然，但維持自然的多樣性依然較可能長治久安。

　　我們試著掌控自然時，常自認置身於自然之外，在描述自己時，好像自己不再是動物，而是獨立的物種，和其他生命沒有連結，適用的是不同的規則。這是錯誤的。我們是自然的一部分，也密切仰賴自然。依賴法則主張，所有物種彼此相依。身為人類，為了生存，我們或許會比任何存在過的物種仰賴更多物種。同時，我們仰賴其他物種並不代表大自然仰賴我們。即使我們滅絕已久，生命的法則依然會延續下去。的確，我們對周圍世界帶來的最大攻擊，依然會有利於某些物種。關於生命的龐大故事，最值得注意的是其範圍之大，我們終究無法干涉。

　　最後，最有影響力的法則之一，它能調整我們對於未來的計畫，這法則同時也和我們對大自然的無知，以及對其範圍的誤解有關。人類中心主義法則指出，身為人類的我們，會想像生物界充滿像我們一樣，是有眼睛、大腦與脊柱的物種。這法則是來自於我們感知與想像力的侷限性。或許有朝一日，我們能逃脫這項法則，打破自古以來的偏見──是有可能，不過從我闡述的理由來看，可能性不高。

　　十年前，我寫了一本《眾生萬物》（*Every Living Thing*），談到生命的多樣性，及待發掘的事物。我在那本書中主張，生物比我們想像得更多元、更無所不在。那本書是延伸思考了我所稱的「厄文法則」（Erwin's law）。

　　科學家一再宣稱科學已出現結局（或接近結局）、發現新物種，或是發現了生命極端。通常他們在提出這些主張時，會把自己視為是放上最後一塊拼圖的關鍵人物。「終於，我完成了，所以大家都完成了。瞧瞧**我**所知道的事！」而這種主張提出之後，又會有新發現指出，生物比我們想像的還要宏大許多，得到的研究也比我們想像得還少。厄文法則反映出的現實是，多數生物尚未得到命名，研究更是稀少。厄文法則的名稱是源自於甲蟲生物學家泰瑞・厄文（Terry Erwin），他以一篇在巴拿馬雨林進行的研究，改變了我們對於生物範圍的理解。厄文掀起的革命，改變我們對生物的理解，就像當年的哥白尼革命一樣。當科學家同意地球與其他行星是繞著太陽運行時，哥白尼革命就大功告成。當我們想起生物界遠比過去想像得廣大許多，也有更多尚未探索的事物時，厄文革命也大功告成。

　　整體而言，這些生物界的法則及我們在其中的位置，可讓我們在思考未來的自然史及人類在其中的地位時，想想什麼是可能的，什麼是不可能的。唯有把生物法則記在心裡，才能想像出人類的永續未來，在這樣的未來，我們的城市與鄉鎮不會因為人類想掌控生命的錯誤嘗試而一再淹沒——不光是被洪水淹沒，還有害蟲、寄生物與饑荒。若忽略這些法則，我們會一而再、再而三失敗。壞消息是，我們在面對自然時，預設作法是嘗試阻擋。我們往往會對抗自然，以自我為代價，爾後發現行不通時再責怪神明復仇（或阿肯色州的紳士）。好消息是，我們不一定非如此不可。若多留意相對單純的生物法則，我們會更有機會生存一百年、千年，甚至百萬年。如果做不到，生

態學家與演化生物學家其實也挺了解，在沒有人類之後，生物
會呈現何種軌跡。[4]

第一章

令人措手不及的生物巨變

　　最早的人種是大約在兩百三十萬年前演化出來的巧人（*Homo habilis*），後來繁衍出直立人（*Homo erectus*）。直立人又演化出十幾種其他人種，最後包括尼安德塔人（Neanderthal）、丹尼索瓦人（Denisovan）與智人（*Homo sapiens*）。在人種演化期間，哺乳類物種的數量繁多。馴鹿有數百萬，某種長毛象也有幾十萬頭。然而，在兩百五十萬年前到五萬年前，任何人類族群的最大數量約為一萬到兩萬人。這些人集結的群體既小又分散，無論何時何地，人類都很少見。基本上，史前時代的人類數量相當少，也絕不是必然能生存。但這情況會出現變化。

　　大約在一萬四千年前，智人開始進入較為靜態的定居生活。有些人的生活從狩獵採集，變成會農耕、釀啤酒與烘焙。這種轉變帶來人類族群成長，接下來數千年皆延續這現象。大約在九千年前，最早的小城市開始出現，而地球上的總人口依然相對較少，然而，人類族群成長速度開始加快。到公元前一年，地球總人口大約是一千萬，相當於現代中國某個不特別知名的城市。然而，人口成長率持續攀高。

　　後來，在西元前一年到今天，人口成長率迅速增加。地球上增加了八十億人口。這種人口增加的現象被稱為「大升級」（great escalation）或「大加速」（great acceleration）。人口加速成長的結果，以及這些結果的增加速度也逐年提高。[1]

　　在實驗室進行細菌和酵母菌研究時，可看出人類在大加速時所經歷的人口成長。在培養皿中，會有些類似人類小聚落的小菌落，如果給予其所想要與需要的食物，細菌族群起初是慢慢成長，但之後會加速，直到細菌大啖食物，培養皿上布滿源源不絕的生物。如果地球是培養皿，我們就是在其中源源不絕冒出的生命，早在1778年，法國自然學家布豐伯爵喬治—路易‧勒克萊爾（Georges-Louis Leclerc, the comte de Buffon，1707-1788）就注意到這現實。他寫道：「整個地球表面都承載著人類力量的印記。」[2]

在大加速的過程中，人類消耗的地球生物量（biomass）比例遽增，時至今日，地球植物所產生的陸生初級生產力（terrestrial primary productivity）有過半是人類消耗的。一項估計指出，光是人類的血肉之軀，就佔32%陸地脊椎動物生物量。人類畜養的動物佔65%。其他數以萬計、有骨頭的脊椎動物物種，僅僅佔剩下的3%。在這脈絡之下，無怪乎生物滅絕速度也增加逾百倍，或許遠不只如此。只要衡量過去一萬兩千年人類對生物造成的影響，都會出現上升的線條，通常是指數型的急劇上升。人類社會產生的污染物就是如此。甲烷排放量增加150%；一氧化二氮的排放量增加63%。二氧化碳的排放量幾乎加倍，來到三百萬年前的水準。殺蟲劑、殺真菌劑與除草劑的使用趨勢也差不多。隨著人口、需求與慾望的成長，前述的影響也都在增加，而且越來越快。

在大加速的過程中某個難以指明的時段，人類族群與行為催生了新的地質年代——人類世（Anthropocene）。這發生得非常快。若與生物的漫長歷史相比，人口成長是在瞬間發生，宛如一次火車相撞、一場爆炸、一朵從我們的起源濕地上所冒出的蘑菇。在面對人口增加的後果時，我們就像在研究撞擊意外的餘波，會收集起碎片，並認為只要收集到足夠的碎片與細節，就能理解整體的樣貌。這樣的推測似乎很符合邏輯，儼然成為科學研究的常見方法。對生物學家來說，收集到的片段就是物種。生物學家研究物種，將物種細節與需求繪製成圖表。但這方法有個問題：缺乏自知之明。

為了瞭解世界，於是我們研究起物種，然而這些物種幾乎都不常見。無論從生物界的現實，或從生物界中最能影響我們健全福祉的部分來看，這些物種不具有代表性。我們的問題很簡單。我們往往會假設，生物界應該要和人類很類似，而且要相當容易理解。但這兩項假設都是錯的，這是我們在理解世界時，受到類似法則的偏見影響。我會先談到要思考這些偏見，因為如果沒能察覺到我們對生物界的感知和生物界更有趣的現實之間有多大的鴻溝，就無法了解未來的自然史。

我們的第一項偏見，就是人類中心主義。這項偏見深植於我們的感知與心態，或許稱之為法則也不為過——人類中心主義法則。這項法則其實是生物特徵，每一種動物都會以自己的感知來構築世界。如果掌控科學的是狗，我就會寫問題出在犬類中心主義。但人類有個獨特的問題：我們的偏見影響的不只是個人對周遭生物界的感知，也影響我們為了分類世界而建立的科學體系。瑞典自然歷史學家卡爾·林奈（Carl Linnæus，1707-1778）為這體系定下規則，不僅如此，他還給予這套系統人類中心主義的動能、慣性及特殊的地理觀。

　　林奈在1707年出生於羅蘇特村（Råshult），大約在瑞典南方大城馬爾摩（Malmö）東北方150公里。羅蘇特的氣候多多少少類似丹麥哥本哈根，夏季堪稱是世上最涼的地方，冬季也夠黑暗多雲，因此當太陽出現時，居民會像向日葵一樣，臉迎向陽光，甚至指著太陽說：「在那邊！」林奈就是在羅蘇特開始對自然有興趣，而他到更北邊的烏普薩拉（Uppsala）一帶時，就開始研究起自然。

　　瑞典幅員遼闊，但是生物多樣性在全球卻屬於後段班。然而林奈以為家鄉生物貧乏程度是世間常態。林奈曾離開瑞典，到國外旅行，前往荷蘭、北法、北德與英國。這些國家緯度比瑞典稍南，但從生物學來看是相對類似的。正如林奈所見所思，地球的地景即使不完全和瑞典一樣，至少是「瑞典風」：多雨寒冷，居民是馴鹿、蚊子、馬蠅，還有山毛櫸、橡樹、白楊、柳樹與樺樹。放眼大地，春天有嬌嫩花朵、夏末處處莓果，潮濕的秋天則有蕈類冒出地面，剛好來得及讓人食用。

　　18世紀以前，不同地方與文化的科學家採行不同的命名系統。林奈把命名方式加以彙編，執行起一套統一系統，成為科學界的共通語言，因此每一物種有拉丁文的屬名和種名。舉例來說，人類就會是 *Homo*（屬名）*sapiens*（種名）。之後，他先從近在眼前的物種開始思考，研究與觸摸這些物種，彷彿予以加持似地，頒給這些物種新的名字——林奈氏名稱。

　　由於林奈是先幫瑞典的物種重新命名，因此他最早重新命

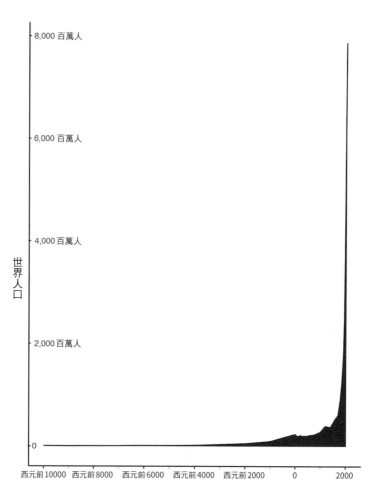

圖1.1：過去一萬兩千年以來的人口成長。一萬兩千年前，也就是公元前一萬年，據信全球人口不超過一萬人，這數字無法在這張圖表上顯示。繪圖：Lauren Nichols。

名的物種都是瑞典的,更廣泛而言,是北歐物種。於是在西方科學傳統中,所有生物的命名都有瑞典傾向。即使時至今日,越遠離瑞典,就越容易發現科學上未知的新物種。林奈的偏見不光是瑞典特質而已。無須贅言,他無疑也是個人類。身為人類,林奈傾向於研究身邊能吸引他目光的物種。林奈喜歡植物,尤其對植物的性器官特別有興趣。但他也會研究動物。在動物界中,林奈尤其注意脊椎動物。而脊椎動物中,林奈傾向注意哺乳類。哺乳類中,林奈通常會忽略小型物種,例如種類難以計數的鼠,而是偏好注重體型較大的物種。整體而言,他的關注焦點對他與同事來說是賞心悅目、清晰可見的,例如開花植物,不然就是大小與行為和我們類似,這樣既容易看見,且有關聯。這麼一來,他的注意焦點既是以歐洲為中心,也以人類為本位。林奈訓練出來的科學家可姑且稱為他的「使徒」,因為他們多半都追隨林奈的腳步,秉持類似偏見。之後的科學家也泰半如此。這些偏見不僅影響哪些物種會最早得到命名,[3] 還影響哪些物種會得到詳細研究,甚至哪些物種值得成為談論的主題。

以歐洲和以人類為中心的科學偏見是有缺失的,會讓我們對世界有錯誤的印象,以為自己知道的物種即已反映出世界,而不是反映出我們選擇研究的部分世界。幾十年前,科學家發現這樣的理解其實很離譜,因為他們開始思索一個簡單的問題:「世界上究竟有多少物種?」

昆蟲學家泰瑞・厄文開啟先河,嘗試認真回答這些問題。

1970年代，厄文開始研究一群生長於巴拿馬熱帶雨林樹頂的甲蟲。這些樹居甲蟲多半是活在樹枝與雲朵之間的介面，稱為步行蟲（ground beetle，直譯為「**地面**甲蟲」），因為最早是在歐洲開始研究。在歐洲，步行蟲不算太多樣，且確實是在地上到處跑。

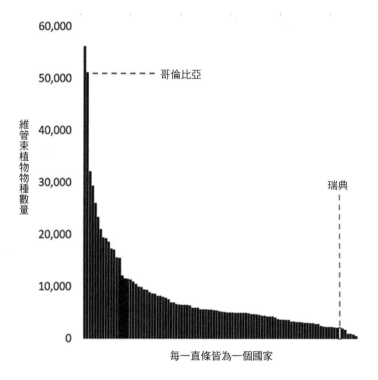

圖1.2：103個不同國家的維管束植物物種數量。若以植物多樣性來看，瑞典是最缺乏生物多樣性的國家之一。比方說，雖然哥倫比亞的面積只是瑞典的兩倍，但植物物種數量卻約為二十倍。諸如鳥類、哺乳類與昆蟲的多樣性模式也類似如此。

　　為了尋找與辨別這些位於高處的步行蟲，厄文採用新方式。他拉著繩索，攀上高聳參天的樹木，之後朝鄰近的樹木噴灑殺蟲劑，形成一片雲霧。起初，他是對馬鞭麻樹（*Luehea seemannii*）噴出殺蟲劑霧，噴完後就回到地面，等待死去的昆蟲墜落。厄文旗開得勝，初次運用這種方法就有上萬隻昆蟲掉落在他在森林地面鋪的防水布。他很高興，因為這其中有步行蟲，但遠遠不僅於此。

　　厄文最後會算出馬鞭麻樹上約有950種甲蟲，至少他和同事能辨別出的甲蟲是這麼多種。不僅如此，他估計在樣本中，尚有另外206種隸屬於象鼻蟲科的甲蟲，雖然沒有象鼻蟲專家有時間正式作出必須的辨識。結果，光是一座森林的一種樹木，就有多達約1200種甲蟲，比美國的鳥類物種還多。厄文接下來把焦點放到其他種昆蟲，也更廣泛放眼其他節肢動物。他開始發現，不僅多數步行蟲物種在科學上是新的，連其他甲蟲物種及其他節肢動物物種也多是如此。不僅如此，厄文開始在不同樹木採集樣本時，看到和馬鞭麻樹上不同的蟲種。每一種雨林樹種都有自己的昆蟲與其他節肢動物物種，而熱帶雨林的樹種又出奇多樣。

　　厄文碰上了一大票的無名生物，周圍盡是科學家沒見過的物種，更別奢望有人曾詳細研究過。沒有人對這些物種有任何了解，只知道它們是從什麼樹木墜落。就在這時，厄文接到植物學家彼得・雷文（Peter Raven）的來電。雷文當時是密蘇里植物園（Missouri Botanical Garden）園長，他問了厄文一個相當簡單的問題。如果單一樹種的一棵樹就有這麼多無名的甲蟲物種：「那麼整整一畝巴拿馬森林裡會有多少物種？」雷文會這樣問，是因為他也擔任美國國家科學研究委員會（National Research Council）下轄小組的主席，小組負責辨識我們對熱帶雨林生物學的理解有何缺口。[4]厄文回答：「彼得，沒有人了解那些昆蟲的事；這問題根本沒辦法回答。」[5]

在雷文致電厄文時，科學界對地球的生物多樣性尚未提出良好的估計。1833年，英國昆蟲學家約翰・額巴迪・韋斯特伍德（John Obadiah Westwood，1805-1893）曾對他熟知的昆蟲學家同行進行調查，而依據調查結果，他推測地球上可能有五十萬種昆蟲，尚不包括其他種類的生物。從雷文提交給美國國家科學基金會（National Science Foundation）的報告脈絡來看，他也以簡單的數學提出估值。他預測，地球上可能有三、四百萬種物種。如果雷文預測無誤，則世上有超過一半的物種是尚未命名的。

同時，雖然厄文說「沒辦法」估計巴拿馬一畝雨林有多少種昆蟲，且與地球上所有物種數量相比也僅是小巫見大巫，但他仍決定姑且一試。他首先進行些許計算。如果馬鞭麻樹上有一千兩百種甲蟲，其中有五分之一得依賴這種特定樹木，那麼一公頃的巴拿馬雨林會有多少種甲蟲？假定厄文在馬鞭麻樹的發現能代表在其他熱帶樹木上可能發生的特化，他就能依照樹種的數量，計算巴拿馬雨林的甲蟲物種數量。他之後調整數字，以更廣泛估計節肢動物的整體數量（不光是包括昆蟲，還有蜘蛛、蜈蚣等等）。他估計出的結果是，在巴拿馬，一公頃森林裡有四萬六千種節肢動物。這就是他給雷文的答案（雖然來得有些遲──那時雷文提交給國家科學基金會的報告早就公開刊登。）不過，厄文決定還要稍微更進一步。他採用同樣的簡單數學，估計節肢動物的數量，只不過範圍不僅限於一公頃的巴拿馬森林，或者巴拿馬全境森林，而是全球的熱帶森林。如果地球上熱帶雨林樹種約有五萬種，厄文在一份兩頁的《鞘翅目動物通報》（*Coleopterists Bulletin*）報告中寫道：「熱帶節肢動物的物種可能有三千萬種。」有鑒於當時僅有約一百萬種節肢動物已經命名（更全面來看，有一百五十萬種生物），這表示每二十種節肢動物當中，有十九種尚未命名！[6]

　　厄文的估計引來學術界一片譁然。科學家在書面上激烈爭論這估值的效度，也當面展開被動攻擊。

　　有科學家私下說厄文是蠢蛋，有些則是公開批評。有人認為他蠢，因為他的估計值太高。其他人認為他蠢，因為他對那些人關注的生物族群估值太低。科學界發表數十篇報告。若有人回應厄文的研究報告，厄文也會針對這些回應再發表意見。他收集新數據，寫更多報告，結果又引來更多回應。同時，其他科學家受到激勵，也收集起新的數據，寫出更多研究報告。這些修正、否定或改善厄文估計值的報告相當激進猛烈、砲聲隆隆、質疑四起,且公諸天下。

後來,爭議基本上停止了,或至少是大幅下降。經過幾年的辯證,科學家默默達成共識;因為無名動物物種的數量實在太大,要確知厄文是否正確,還得花上幾個世紀的時間。最新一次估值則指出,地球上昆蟲與其他節肢動物物種可能有八百萬種,其中八分之七的物種尚未命名。不過,八百萬種還是比厄文的假設還少,但已比他提出估值之前即已存在的數字高出許多。[7]未知數浩瀚磅礡,而已知卻是渺小無比。

厄文讓科學家重新思考動物的範圍,宛如在生物多樣性的領域中扮演哥白尼的角色。天文學家哥白尼提出地動說的主張,說明宇宙運行之道。他說地球繞太陽轉,不是反其道而行,此外,地球一天會繞著軸心轉動一次。同時,厄文也顯示,動物的物種數以百萬計,我們只是其中一種。他也說明一般動物物種並非像我們一樣是有脊椎動物,也不是位於北方(像林奈那樣)。相對地,絕大多數是熱帶甲蟲、飛蛾、胡蜂或蒼蠅。厄文的洞見相當激進,難以融入我們日常對世界的理解,比看似靜止的地球不僅繞著軸心,還環繞太陽轉更難想像。

改變我們觀念的厄文革命並不只涉及昆蟲。真菌(例如產生蕈菇的真菌)似乎比昆蟲更缺乏了解。我和同事最近研究起北美住宅內找到的真菌,發現家家戶戶都有真菌。不過,值得注意的並不是真菌的存在,而是已知的物種數量。北美已知的真菌種數總共約兩萬種,而我們在研究住宅內的灰塵後,發現的物種將近兩倍。[8]這表示，我們在住宅內找到的這些真菌物種，至少有一半對科學界來說是新的——居家中有上萬種真菌物種是科學界才剛發現的。這並不是說房屋有什麼特別。相反地，住家中有數量如此龐大的無名真菌群，只是證明我們對周遭真菌生物的無知程度更廣泛。每當你呼吸時，有一半的真菌孢子是連名字都沒有人說得出來的，而對健康與福祉有何影響更是缺少足夠的細節研究。先暫停一下，吸口氣吧；吸入未知的真菌。真菌或許不像昆蟲那麼多樣，仍遠超過脊椎動物。

　　但如果要完成厄文革命，我們要理解的並不是真菌，而是細菌。林奈知道細菌的存在，只是不把細菌當一回事。事實上，他把所有顯微鏡才觀察得到的生物全歸為同一物種，是「一團亂」，分類起來太小、太不同，甚至無法分類。近年來，微生物生態學家肯尼斯‧羅西（Kenneth Locey）與我的合作夥伴傑伊‧萊農（Jay Lennon）設法衡量這團混亂。他們把焦點只放在細菌，結果估計出地球上可能有一兆種細菌。一兆（1,000,000,000,000），「一」後面加上十二個零。[9]*一兆*。或許當年厄文想像的就是這麼龐大的數量，於是他在後來的職業生涯，面對如此宏大的數目時曾謙卑說道「生物多樣性是無窮無盡」，而「這無窮無盡是多少，沒有辦法估計」。[10]羅西與萊農在評估細菌的多樣性時，並不認為那是無窮無盡，而是相對於已知世界，這龐大的數字幾乎是無限大。羅西與萊農是依照取自世界各地泥土、水、排泄物、葉子、食物與其他細菌棲地的三萬五千個樣本中的數據進行研究，才提出這個估值。在這些樣本中，他們能辨識出五百萬種基因不同的細菌。之後，他們採用一些生物通則（例如某棲地的物種數量，如何隨著該棲地的個體數量增加），估計如果地球上的樣本搜集齊全，他們可能會遇到多少種細菌。答案是一兆，可能多個或少個幾十億。羅西與萊農或許大錯特錯，但也得花上幾十年，或許幾個世紀以上才能確定。我曾和一個交情匪淺的同事在某天快下班時隨口聊，她說，她認為或許細菌只有十億種，但又繼續說：「然而我也不知道。我確知的是，新的細菌物種到處都是。」我們就坐在細菌上，吸進細菌、喝進細菌，只是沒有命名或計算細菌，或只是命名與計算速度遠不夠快，不足以讓我們理解每天是走在什麼樣的荒野上。

我就讀研究所時，厄文的估值讓科學家認為多數物種都是昆蟲。有一段時間，真菌似乎將成為浩瀚的重大故事。但現在看來，基本上地球上所有的物種都是細菌物種。我們對於世界的感知持續改變；更精準的說，我們衡量的生物界規模在擴大。而在這過程中，會發現在這世上常見的生活方式，似乎也和我們的生活方式越來越不像。絕大多數動物物種並非來自歐洲，也不是脊椎動物。若以更全面的角度來看，常見物種不是動物，也不是植物，而是細菌。

不過，故事並不會在談到細菌之後就畫下句點。多數的個別菌株與物種似乎都有自己特化的病毒，稱為「噬菌體」。在某些情況下，正如噬菌體專家布莉塔妮・雷（Brittany Leigh）最近在審閱這一章時透過電郵提醒我，噬菌體種類的數量是細菌的一到十倍。如果細菌物種有一兆種，噬菌體可能有一兆到十兆種。沒有人確知。然而可以確定的是，大部分的噬菌體物種尚未獲得命名與任何研究，因此也沒有人了解。

除了噬菌體，若要了解人類在萬物中心的位置，還有最後一層有待探索。田納西大學微生物學家凱倫‧洛伊德（Karen Lloyd）提醒我，最典型的物種或許不僅不屬於歐洲、不是動物，更無法在地球表面生存。

洛伊德研究生存在海底地殼下的微生物。不久以前，人們認為地殼中沒有生命。但洛伊德等人的研究卻顯示，地殼下生氣盎然。住在地殼的生物不仰賴陽光維生，在我們所有人底下的深處，這些生物靠著化學梯度所產生的能量，過著簡單慵懶的生活。

這些生物當中，有些生活速度相當緩慢，單一一個世代演進或許要耗上一千到一千萬年。請想像一下，如果有個細胞就是這種一千萬年的物種，明天終於要分裂了。而這個細胞上次分裂時，可能比人類祖先和大猩猩分道揚鑣時還早，甚是可能在黑猩猩祖先與人類祖先和大猩猩祖先分離之前。這樣的細胞在一個世代會經歷的，不僅是人類快速演化的整個故事，還經歷整個大加速歷程。這個支系的下個世代會大約在一千萬年後才結束，其生命歷程中將會經歷到什麼？

這些活得緩慢，以攝取化學物質維生的地殼微生物，是相當近期才發現的，但如今科學家認為它們佔了所有活著的生物質量（科學家稱為生物量〔biomass〕）20%。如果往更深處探索，會發現這數字可能遭到低估。我們不知道這些生物能在多深的地殼依然存在，只確知一定比人類探索過的地方還深。這些地殼生物並不「正常」。它們並非在一般生物的環境條件下生存，然而其生活型態其實比哺乳類或脊椎動物的生活型態更常見，無論是以生物量或多樣性的角度來看都是如此。

一般物種和我們不同，也不仰賴我們，和人類本位主義的觀念恰恰相反。這是厄文革命的關鍵洞見，呼應著我所稱的厄文法則。厄文法則主張，生物所得到的研究比我們想像的要少很多。我們很少在日常生活中，會想起人類中心主義與厄文法則。或許我們需要天天對自己信心喊話：「在這小物種的世界裡，我很巨大。在這單細胞物種的世界裡，我是多細胞生物。在這充滿無骨物種的世界裡，我有骨骼。在無名物種的世界裡，我有名字。可以了解的事中，大部分還是未知。」

雖然我們對生物界相當無知，對生物界規模又觀點偏頗，卻依然成為昌盛物種，也挺讓人跌破眼鏡。愛因斯坦說「這世界的可理解度，是個永恆的奧祕」；換言之，我們到底理解了多少，是不得而知的。[11]但我認為這樣不太對。我認為更難理解的是，儘管我們懂的這麼少，卻依然生存下來了。我們就像一名在路上的駕駛，即使太矮，看不到窗外景象，帶點酒意，卻又愛飆車。

　　我們能勉強過關的部分原因，是知道身邊更小的無名物種在做什麼，即使不知道那些物種究竟是什麼。舉例來說，麵包師傅與釀酒人長久以來在製作酸種麵包或釀啤酒時，就深諳此道。

　　製作酸種麵包時，要先把麵粉和水混合，幾天後彷彿天降奇蹟，麵粉和水的混合物開始冒泡、膨脹、變酸。這個冒泡的混合物叫做酸種，可以加到更多麵粉和水中，這樣麵糰會膨脹變酸。做好的酸麵糰可烤成麵包。第一個酸種麵包是何時烘烤問世，仍沒有人知道。我最近和考古學家開始合作一項計畫，思考一塊七千年前的燒焦食物是否為最古老的酸種麵包。我們還不知道這點食物是不是古老的酸麵糰（很可能是）。但就算不是，等哪天發現最古老的酸種麵包時，那塊麵包少說也有七千年歷史。

　　目前發現最古老的啤酒，在農業出現之前已問世。[12]釀造啤酒的過程和製作酸種麵包很類似。首先是讓穀類發芽，再把發芽的穀類（麥芽）煮沸，之後放置起來，讓它開始變酸，產生酒精。

　　就古老的啤酒釀造與烤麵包來說，傳統科學家會透過試誤法來改善能力，做出更好的產品。比方說，麵包師傅發現，可以把一些酸種儲存、餵養、重新利用，讓新麵糰冒泡。他們想出酸種喜歡什麼樣的環境，把酸種當成難以言喻卻非常重要的家庭成員對待。同樣地，啤酒釀造者也想出如何從啤酒上方拿取一些泡沫，加入另一批啤酒中。那泡沫也是一種「動物」。

　　烘焙者不明白的是，酸種會膨脹是因為古老的酵母，而酸種之所以會變酸，是因為古老的細菌。釀酒者不理解的是，啤酒之所以會有酒精，是因為古老的酵母，而會變酸是因為古老的細菌。不僅如此，烘焙者與釀酒者都不明白，麵包與啤酒裡的細菌，是來自他們正在種植的穀類及他們自己的身體。他們也不理解，麵包與啤酒裡的酵母是來自胡蜂的身體（那是啤酒與麵包酵母的自然棲地）。只要知道必須步驟，確保這些微生物有適當的環境條件便足矣。在充滿未知的世界中應付日常生活，這是不可或缺的訣竅。

　　不過，我們祖先開始改變周遭世界時，也不經意改變了周遭物種的構成。這麼一來，他們日常生活的訣竅有時就失靈了。麵包發不起來，啤酒沒辦法釀。他們說不出原因，於是放棄、遷移、創新，或者發現可製作新東西。我們沒看到多少促成轉變的失敗紀錄，只看到轉變。有時候考古學紀錄寬容地粉飾人類的失策，就像在好一段距離外，於昏暗燈光下拍照，隱藏皺紋與瑕疵。然而，或許是人口成長與人類大加速所帶來的生態變化，古時候日常生活的訣竅也越頻繁失敗。

　　多年前，我讀到一位科學作家的故事，他跟著導遊，與一群旅人進入洞穴。這群人進入洞穴後，大批蝙蝠開始飛出。作家聽見它們的移動、嘰嘰喳喳，感覺到一堆翅膀掀起的風。

「別擔心」，導遊宣稱：「蝙蝠有回聲定位的能力，確實知道你們的位置。蝙蝠可在黑暗中看見我們！」正當導遊轉身，繼續深入洞穴時，一隻蝙蝠快速飛出，衝向黑夜，卻撞上他的臉——力道強勁得很。

這位導遊不知道的是，雖然蝙蝠透過回聲定位，具有在黑暗中「看」的能力，但也會運用對於地標與重複路線的詳細知識來找路，在洞穴尤其如此。這隻蝙蝠沿著偏好路線前進，突然遇到導遊。如果依照蝙蝠的世界模式，這位導遊是不存在於此的。這人讓蝙蝠措手不及，反之亦然。

我們過去的成就多是來自凡事固定的世界，這世界相對穩定，即使我們無法看清楚，也還是畫得出路線。但是周遭世界變了，就會造成像蝙蝠所碰上的情況。當我們面對未來時，失去了集體方向，而對周遭世界的感知也有深深的瑕疵。沒有任何東西位於原來的地方。我們開始撞上東西，發現生命讓人措手不及。

在有些情況下，失足的後果只是碰上麻煩，不至於致命。這些情況像是開了一扇窗，讓我們一窺更大範圍的失敗。舉例來說，我的合作夥伴最近在北卡羅來納州立大學（North Carolina State University）的實驗室，試著研究與製作酸麵糰，這實驗室滿是住宅常見的奇特微生物種，並全部密封起來，鮮少有食物在這裡發酵。我們試著讓麵包發酵，結果並不成功。鮮少有酵母在酸種上定殖，而是被有菌絲的真菌拓殖——黴菌。黴菌不會讓麵包發起來。我們把麵包製作帶進實驗室時，就是改掉製作法的某個構成要素。同樣的情況似乎也發生在把戶外生物隔絕在牆外、過度封閉的住家。在這些地方，我們已改變生命的構成要素，打破酸麵糰的生態系統。

　　那些失靈的實驗室麵包酸種，是生物宏觀世界的縮影。那我們的角色呢？之前，我把人類與培養皿上的微生物相比，但這不太正確，因為我們在渾圓的家園上並不孤獨。我們是廣大生物群體中的一個物種，然而，身為一個物種，我們帶來的影響卻不成比例。人類就像是酸種的乳酸菌。乳酸菌和我們一樣，在自己所形塑的世界中擔任一角，同時仰賴身邊其他物種。但和我們不同的是，乳酸菌通常會讓周遭世界更適合它們生存，在此等環境下產生酸，並成長茁壯。此外，還有兩大差異。第一，乳酸菌所生存的世界含有幾十種物種，而不是數百萬、數十億或數兆種。第二，當乳酸菌用罄資源時，我們會出手救援，伸手給予新麵粉。

　　若我們的食物沒了，不會有神明出手相救，從天上重新填滿糧倉。我們得運用資源，同時維持食物生產。

　　或許有人會說，我們和乳酸菌的角色還有第三種不同。我們有自知之明——有時候吧。

　　只是，我們的自知之明是有侷限的。即使過往決策所造成的部分後果日漸清晰，但我們不同行為常彼此交織，很難知道究竟是哪種行為造成特定後果。近年德國有一群業餘昆蟲學家，重新探索他們在過去三十年收集到的昆蟲。那些昆蟲是以標準陷阱，在標準地點收集來的。年復一年，他們會把從陷阱搜集來的昆蟲分類辨認，列入收藏。這群業餘者當中有許多人就和厄文一樣，最初的目標就只是記錄德國的昆蟲，並把焦點放在稀有物種。他們未必會料到這紀錄會帶來重大驚奇，也不覺得有什麼值得在小圈子之外大肆宣揚的。畢竟就昆蟲來說，德國研究之完整，已在全球傲視群倫。此外，雖然德國的昆蟲比林奈的瑞典多樣，但也稱不上大幅超越。諸如巴拿馬或哥斯大黎加，光是一座熱帶森林中的昆蟲物種，必定比整個德國更多。舉例而言，雖然在德國有一百種已知的螞蟻，但哥斯大黎加賽爾瓦生物站（La Selva Biological Station）的森林就有超過五百種螞蟻。[13] 然而，當這群昆蟲學家比較不同年份所收集的昆蟲數量時，卻發現令人震驚的事。在過去三十年，他們研究的自然棲地昆蟲生物量下降70%到80%，卻沒有人注意到。這可是發生在世上研究成果名列前茅的國度。然而，究竟是什麼原因導致這種衰退，尚不得而知。[14]

德國昆蟲數量銳減會造成何種後果，目前還不明朗。我們知道，這會導致捕食昆蟲的鳥類族群數量減少，但還會發生什麼事呢？目前沒有人確知。我想，等碰到後果時就會知道了。

面對這麼多變化與未知數，我們很容易放棄。在無知與迷失方向的黑暗中，或許最簡單的方法就是聽天由命，抱著希望，盲目走向未來。我們找不到頭緒。情況太複雜、我們太無知、需要改變的事情太多。當然，在設法找出路時不免撞得鼻青臉腫，但這或許就是我們的命運。另一種選擇則是專注細節，把焦點放在一種特定的德國甲蟲物種的來龍去脈。如果對某特定事物有深度認知，可望見微知著，更廣泛的解決方案就會出現。只是，這種方式必須聚焦於細部，但就永遠無法提供完整全貌，畢竟整體而言，細節實在多如牛毛。

　　我在這裡著手的方式，是運用生物法則理解正在變動的世界，即使我們尚未為這世界的每個部分都命名。但在這樣做的時候，也要把厄文法則謹記在心。厄文法則提醒我們，生物界比我們想像得更廣大、更多樣；已知世界很渺小，未知世界浩瀚無垠。就連我在這本書所介紹的法則，都服膺厄文法則：尚未研究的生物，行為未必會類似已獲得研究的生物。我們對生物界的觀點模糊、片段，且充滿偏見，但這項認知不該阻止我們設法利用已知的事情理解世界。在一大片黑暗中，雖然光線昏暗，卻依然能照亮；無論如何，我們都需要設法尋找出路。[15]

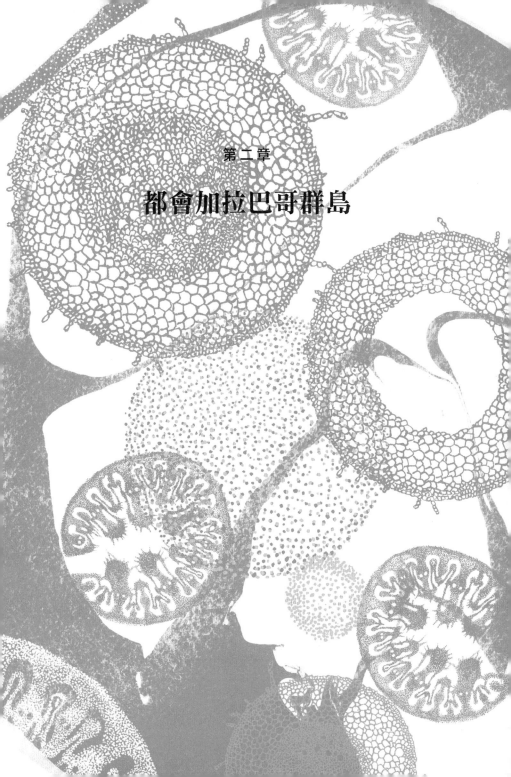

第二章

都會加拉巴哥群島

　　愛德華‧奧斯本‧威爾森（E. O. Wilson，譯註：1929-2021，美國昆蟲學與生物學家）將會了解生物世界裡其中一種最堅若磐石的法則，它的詳細運作方式。這條法則不僅預測物種滅絕的速度與地點，也預測新物種的演化速度與地點，及何處有物種正在演化。但是他的故事起點並不在此。威爾森的故事得從阿拉巴馬州的成長過程說起，那時他是個瘦瘦高高，喜歡動物的男孩。他喜歡蛇、海洋生物、鳥類、兩棲類，只要是會動的東西他幾乎都愛。有一天，他在佛羅里達州彭薩科拉（Pensacola）釣魚，拉起釣魚線時太用力，一條魚從水面飛出，直戳他眼睛，導致他視力永久受損。這項意外讓他無法研究與捕捉快速移動的脊椎動物。同時，由於先天聽力問題，他聽不見較高的音區，無法聽到許多鳥類與蛙類的叫聲。他在自傳中曾自稱：「注定要成為昆蟲學家。」[1]身為一個男孩、大學生與哈佛大學教授，他的注意力焦點始終是螞蟻。

　　在研究螞蟻的早期旅程中，威爾森曾前往位於太平洋的美拉尼西亞島群，包括新幾內亞、萬那杜、斐濟與新喀里多尼亞。在當時，他獲選為哈佛研究員學會（Society of Fellows）的初級研究員，因此能隨心所欲，研究他認為適合的主題。於是他前往美拉尼西亞島群，基本上就是他去採集螞蟻來做科學研究，好好思考，然後由別人買單。（我也做過那份工作，是一份好差事。）他把原木翻過來、翻動樹葉、挖洞，透過那隻仍健全的眼睛，看出在不同島嶼上有多少螞蟻生存、是哪些螞蟻生存等模式。那些模式似乎反映出自然法則。在蟻群中，威

爾森感覺自己領悟到世上令人激動的深刻事實。其中一項事實
是，大島比小島有更多種螞蟻。

　　威爾森並非第一個留意到較大島嶼物種較多的人。其他科
學家已發現，鳥類與植物物種的分布就是依循這種模式。這種
模式可以簡單等式來表示，說明島嶼物種的數量等於島嶼面積
的某個次方，再乘以一個常數。簡言之，島嶼越大，即可預期
有越多物種。生態學家尼克・戈特利（Nick Gotelli）稱這等式
及其所描述的模式是「少數真正的生態學『法則』之一」，即
物種―面積法則。[2]

　　常有人說，艾薩克・牛頓爵士（Sir Isaac Newton）是因為
一顆蘋果掉到他頭上，於是發現地球引力。但這說法並不正
確。牛頓的偉大貢獻並非發現地球引力，而是地球引力的原
因。威爾森和牛頓有點像，因為他不甘只注意到生物有像地球
引力那樣的模式，亦即物種傾向於在大島上聚集。他想解釋原
因，而在這過程中，就把生態學發展為有嚴謹數學定律的科
學。但是，這又出現了一個問題。威爾森的數學不比他看見蛇
或聽見鳥的能力高明到哪去，於是，身為哈佛教授的他，去修
習大一微積分。威爾森知道自己得學，就乖乖去學，即使得把
長腿縮進學生課桌底下，靜靜坐著，努力寫功課和考試。此
外，他知道光是大一微積分課還不足夠。他和一位年輕有抱
負、數學超好的生態學家合作。這位生態學家叫做羅伯特・麥
克阿瑟（Robert MacArthur），兩人開始發展正式的數學理論，
認為這套理論或許可說明為何較大的島嶼上有較多物種，無論

是螞蟻、鳥類或其他物種。

這項理論有兩項重要元素。第一，任何特定物種在一座島嶼的滅絕機率，是島嶼面積的函數。麥克阿瑟與威爾森認為，物種在一座島嶼上滅絕的機率，會因為島嶼面積縮小而增加。在較小的島嶼上，生物的族群數量必然較小，因此碰到嚴重的暴風雨或年頭不好等狀況時，這些生物的滅絕機會就會提高。不僅如此，小島嶼可能缺乏足夠生物所需資源的機率也較大。島嶼面積與滅絕存在著普遍關係，這個概念獲得了時間支持。小島上的物種滅絕率通常比更大島要高，尤其是較小島嶼上的棲地種類較少時。

這項理論的第二個元素處理的並非物種從島嶼上消失，而是抵達（arrival）島嶼上。物種可從其他地方來到島上定殖，無論是靠飛行、漂浮、游水或搭便車，或者可在地演化。威爾森與麥克阿瑟認為，在這兩種情況下，這種「抵達」的機率都會隨著島嶼的地理面積而增加。如果島嶼較大，物種找到這島嶼的機會也較大。較大的島嶼較可能有某特定物種所需要的特殊棲地、宿主或其他要求。此外，較大的島嶼也可能提供更多空間給某物種族群，這樣就有足夠的空間彼此分離，從而演化成不同物種。

麥克阿瑟協助威爾森讓這些想法更加詳盡，適用範圍更廣，並以一套等式來傳達，之後將在《島嶼生物地理學理論》（*The Theory of Island Biogeography*）這本著作中發表。他們的理論會在世界各地的島嶼得到驗證，起初是由幾十個科學家動身驗證，之後會擴增到幾百個科學家共襄盛舉，這些人多半是研究生，相當熱衷於理解世界隱含的法則。這些等式的細節受到質疑、爭論與大驚小怪——科學家在面對重要事件時，就會特地搬出這麼挑剔的態度。麥克阿瑟與威爾森的等式忽視了島嶼生態學的許多特徵，不過，他們的理論還是捕捉到世界運作的基本真理，禁得起時間考驗。越大的島嶼的確傾向於有更多物種，究其原因，顯然是滅絕與抵達達到平衡。或許一樣重要的是，他們的理論也對於未來的自然提出清楚預測，無論我們思考的是遙遠的島嶼、偏遠森林，甚至是城市都適用——尤其是城市。

　　生態學家沒多久就明白，麥克阿瑟與威爾森的理論也該適用於類似島嶼的零碎棲地，現在這種情況非常多。畢竟在農業之海的一塊英國森林，和真正海洋上一塊岩石與泥土的差異能有多大？[3]而曼哈頓百老匯馬路中央的分隔島，不就是在草地與水泥間形成的群島嗎？不僅如此，把麥克阿瑟與威爾森的概念延伸到零星棲地，似乎相當有急迫性。當時和現在的情形一樣，森林與其他野生棲地消失的速度著實令人警惕。麥克阿瑟與威爾森關於島嶼的想法，確實適用於岌岌可危的森林，許多森林裡的物種無疑也將消失。這情況也會在破碎化的棲地中看得出來嗎？麥克阿瑟與威爾森預測，會看得出來。這可能性引發了一系列大型研究計畫，包括史密森尼學會的湯姆・拉佛喬伊（Tom Lovejoy）所領導的大型實驗——他想在巴西亞馬遜森林中刻意打造出破碎化的森林。

作家泰莉・坦貝斯特・威廉斯（Terry Tempest Williams）曾在思索地球時寫道：「如果世界被撕成碎片，我想看看能在破碎化中找到什麼故事。」[4]這也是拉佛喬伊想做的事：從破碎化中找到訊息。拉佛喬伊建立小塊森林的試驗，是先把森林周圍的環境變成草原。既然牧場主人都要把森林的樹一棵棵砍除，拉佛喬伊說服巴西政府與牧場主人，乾脆讓這些砍伐活動變成試驗。「砍」（cut）這個動詞在丹麥語中是「*skaere*」，和碎片（*skår*）這個字有相同的根源。把原本完整卻脆弱的生態系統，變成界線分明的破碎片段，就是拉佛喬伊想創造的碎片。在拉佛喬伊的計畫中，這些碎片般的小塊土地面積大小不一，彼此之間的距離及與「本土」的距離也不同——「本土」是指更大片的連續森林。這些實驗的結果記錄在大衛・逵曼（David Quammen）優美的著作《多多鳥之歌》（*The Song of the Dodo*）及伊麗莎白・寇伯特（Elizabeth Kolbert）的《第六次大滅絕》（*The Sixth Extinction*）。[5]拉佛喬伊與許多合作者最後發現，零碎的棲地確實表現得像海中島嶼，面積越小，包含的物種就越少。由於地球上的森林與野生棲息地都在縮小，抵達這些棲息地的物種數量也會減少，滅絕的物種數量則會增加。

隨著研究持續進行，我們會更細膩地理解到棲地消失如何影響生物多樣性的詳情與動態，但目前已知的資訊已足以讓我

們採取行動。[6]威爾森與其他保育生物學家呼籲，要保留半個
地球的陸地區域，維持野生林地、草原與其他生態系統。威爾
森主張，我們就是需要這半個地球，才能保住目前或未來需要
的生物多樣性。他當然很明白這個道理，他可是幫忙寫下這等
式的人。

　　在多數時候，只要考量島嶼或小塊區域的抵達物種（定
殖），以及島嶼或小塊區域的消失物種（滅絕），即能可靠預

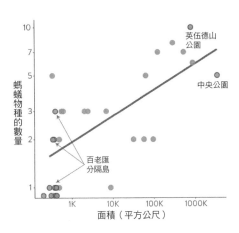

圖2.1。左圖為物種多樣性與類島嶼棲地面積的關係，這是以曼哈頓分隔島嶼
公園的螞蟻為例。右圖為柯林特‧潘尼克（Clint Penick，當時是我實驗室的
博士後研究人員，現為肯尼索州立大學〔Kennesaw State University〕助理教
授）正在分隔島採集螞蟻樣本，他利用小燒瓶裡的糖來引誘螞蟻。數字圖表
由蘿倫‧尼可斯（Lauren Nichols）繪製，數據來源：Savage, Amy M., Britné
Hackett, Benoit Guénard, Elsa K. Youngsteadt, and Robert R. Dunn, "Fine-
Scale Heterogeneity Across Manhattan's Urban Habitat Mosaic Is Associated
with Variation in Ant Composition and Richness," Insect Conservation and
Diversity 8, no. 3 (2015): 216–228. 攝影：Lauren Nichols。

測出島嶼生物地理的動態。不過，還有另一個過程也在上演，麥克阿瑟與威爾森曾提過這個過程，但在研究中卻鮮少加以評論——種化（speciation）。

種化是指新物種形成，原本單一物種變成兩種以上的物種。根據預測，種化速度會隨著棲地面積而提高。威爾森與麥克阿瑟原本就假設，較大的島會有較多抵達物種，但也預測在較大的島嶼上較可能發生種化，速度也較快。1967年《島嶼生物地理學理論》出版後的幾年，這項預測鮮少有人討論。或許麥克阿瑟與威爾森對於種化的想法受到忽略，是因為這擺在書的結尾處，也可能是他們的思想有點太超前部署。生態學家與演化生物學家尚不了解演化能多快發生，且一向不了解物種起源能即時記錄下來。

如果有人讀到書末，就會發現麥克阿瑟和威爾森討論起種化的細節。他們體認到，無論是討論種化、區域適應（local adaptation）或甚至只是新特徵的起源，島嶼都是「研究演化的絕佳劇場」。[7] 若把島嶼視為演化劇場這個觀念，麥克阿瑟與威爾森就能和達爾文連結起來。達爾文把島嶼當成鏡頭來研究演化，且島嶼也是釐清思考的背景。達爾文曾搭上小獵犬號（HMS Beagle），展開將近五年的旅程，過程中曾造訪與世隔絕之地——包括維德角諸島、福克蘭群島、加拉巴哥群島、大溪地、紐西蘭諸島及澳洲大陸島——於是他清楚看見其他地方沒見過的五花八門的物種，而他後來也會明白，這些物種當中，許多是在那些島嶼上演化而成。此外，島嶼也提供理想的背景，可說明天擇的運作；這是相當單純化的舞台，讓他說明到處都在發生的過程。

　　達爾文主張，新物種可在島上演化，以回應當地孤立的環境條件。舉例來說，加拉巴哥群島是海底冒出的火山所形成，距離南美洲西岸有五百哩之遠。一種中型大小的烏龜來到島上，演化出十四種以上的巨型陸龜，有些較大、有些較小、有些顏色較深、有些較輕盈。單一一種嘲鶇（mockingbird）飛到群島，演化出三種，每一種都有自己的島嶼棲地。一種基因多變的灰黑色雀科物種飛到島嶼上之後，演化出十三種物種，如今稱為達爾文雀（Darwin's finches）。達爾文注意到，這些雀鳥的鳥喙有差異，並在《小獵犬號航海記》（*The Voyage of the Beagle*）寫道，經過天擇的過程，這些鳥喙會「為不同目的而調整」。[8] 其中一種達爾文雀演化之後，會利用鳥喙來取得仙人掌花蜜、花粉與種子。另一種成為吸血鬼，會以鳥喙啄鳥類或其他脊椎動物的背來取得血。另外兩種經過演化後，能利用鳥喙銜著樹枝，捕捉幼蟲。還有幾種演化出的鳥喙，讓它們很適合靠種子維生。

　　達爾文認為，海洋島嶼尤其可能出現特有種，亦即其他地方找不到的物種。達爾文明白，這樣的物種會出現，是因為在孤立的狀態下演化出和本土親戚的差異。不過達爾文沒有說清楚何種島嶼可能對更多新物種有利，何種島嶼比較不利新物種。麥克阿瑟與威爾森為達爾文的島嶼演化經典故事，增加了新的內容。他們的貢獻在於提出假設：如果島嶼較大，抵達島嶼的生物會演化出更多物種。只是，這假設很難驗證。事實上，截至2006年，幾乎是完全沒有人驗證，只有麥克阿瑟與威爾森著作中的圖六十。在這張編號第六十號的圖中，麥克阿瑟與威爾森標繪出島嶼不同區域的鳥種數量，這些鳥都是島上特有種，其他地方找不到。在圖表上沒有太多點，但從這些點似乎可看出，較大的島嶼上有較多特有種鳥類，原因可能是這些特有種是在那些島嶼上演化的。

2006年，雅爾・基賽爾（Yael Kisel）在和現為牛津大學教授的提姆・巴拉克勞（Tim Barraclough）一起合作，展開她倫敦帝國學院博士學位的研究。基賽爾後來探索起島嶼面積對新物種在該島嶼上演化機率的影響，而她執行的這項研究，是相關主題有史以來最有企圖心的整合研究。數百萬年來，火山島嶼從海裡升起，岩漿冒泡，之後冷卻。海藻住了下來、鳥類也是，而蜘蛛也吐出細絲，讓自己被帶到新土地降落定殖。植物會攀著鳥類的足部搭便車，也隨著洋流飄移。之後，演化展開，這會受到地方環境的現實形塑，但也受到已抵達此地的物種影響。基賽爾就會研究這情況發生之後的餘波。

她的研究起初只是個人的附屬計畫。在基賽爾進行主要論文計畫時，巴拉克勞建議，她不妨思考島嶼至少要多大，才足以讓一種植物物種隨著時間演化成兩種。這項工作可以把近期一項關於鳥類的類似研究當成基礎。[9]基賽爾在一封電郵向我提出此事時，她想釐清的是：是否有「植物種化的最小島嶼面積」。若答案是肯定的，則面積是多少。最後，基賽爾與巴拉克勞決定把這項計畫延伸到其他種類的生物。於是，基賽爾收集更多數據，後來意外發現，她在無心插柳的情況下，彙整出有史以來最龐大的數據集，這是關於不同生物族群會發生種化的島嶼各有何特色的數據集。她沒有離開歐洲就彙整出整份數據，沒有去加拉巴哥群島、留尼旺島或馬達加斯加。這工作是靠著博物館與電腦的資料庫完成，資料是來自曾去過那些地方的人所完成的實地考察。

　　基賽爾的資料庫所包含的數據不光是來自海洋中的小型島嶼，例如加拉巴哥群島，也來自更大的島嶼，最大的是馬達加斯加。基賽爾的焦點可能是兩種種化。她可以把焦點放在一種物種抵達島嶼時，是否會演化成和故鄉的任何親戚都不同的新物種，無論故鄉在何處。不過，這不是基賽爾與巴拉克勞主要的關注焦點。他們更關注的，是在島嶼內部本身的種化。基賽爾把焦點放在島嶼內的種化，這樣能思考的就不光是種化所需的最小面積（也就是她原本的問題），也可思考尚有哪些因素可能很重要。

　　正如她從麥克阿瑟與威爾森的理論所得到的預期，基賽爾發現，島嶼面積和種化的可能性有關。在基賽爾所研究的生物中，這是影響種化機率最重要的因素。島嶼越大，就越可能發生種化。但還有其他因素要考量。基賽爾依據先前的研究及對數據的觀察，提出假設：在島嶼之間或島嶼內部越不容易遷移的生物，就越容易在小島上種化。相反地，越容易散布（及把基因到處傳播）的生物，在小島嶼上應該鮮少或甚至從不種化。

基賽爾的邏輯很合理。如果擴散順利、飛得快、跑得遠，或甚至迅捷蛇行的生物，都可能在較小島嶼上的不同部分孤立——一陣子。但最後一個地區的生物中終究會和來自其他地區的生物會合。它們會交配、交換基因，其中一個族群相較於另一個族群的累積差異就消失了。不妨想像一下品種犬變成野生犬的脈絡。想像一下，鬥牛犬被釋放到島嶼的一側，這裡的極端棲地可能促成適應，另外再把黃金獵犬釋放到島上較友善的棲地。只要島嶼小、障礙少，有些黃金獵犬必然會遷徙到鬥牛犬那邊（反之亦然）、繁衍並產生後代，其性狀是雙親的基因混合而成。或以達爾文的話來說：「任何改變趨勢，也會因為與未改變的移入者交配而受到抑制。」[10] 但如果島夠大，這兩種族群的犬可能永遠不會接觸。它們可能會隨著時間沿著不同軌跡演化，直到無法混種，即使兩種物種相遇，依然會是各自獨立。換言之，基賽爾預期，對於無法順利擴散的生物來說，即使是小小的島嶼也足夠大，可以允許種化。但是對於很善於飛行的動物（例如蝙蝠）或善於行走動物，例如哺乳動物中的食肉目（包括狼與犬），種化就只會在大島嶼發生。

基賽爾與巴拉克勞思索她的大數據資料庫中，多種生物的物種擴散假設——鳥類、蝸牛、開花植物、蕨類、蝴蝶、蛾、

蜥蜴、蝙蝠與食肉哺乳類動物。他們的資料庫中有五花八門的
生命形態,但都是容易取得數據的生命形態。所以,絕大多數
的哺乳類、絕大多數種類的昆蟲及所有微生物都不包含在內。
就基賽爾與巴拉克勞研究的所有生命形態來看,新物種較可能
在較大的島嶼上演化。但是種化要成為可能,對於擴散能力較
差的生物(例如蝸牛)來說,需要的最小島嶼面積就比較小,
而容易擴散的生物(鳥類與蝙蝠),就需要更大的最低島嶼面
積才會種化。蝸牛要演化出新物種的最小面積很小──低於一
平方公里,大約和特斯拉(Tesla)加州費利蒙(Fremont)廠
區差不多。相對地,蝙蝠的飛行區遙遠遼闊,因此需要的面積
就好幾倍大,需要上千平方公里以上──大約和紐約市(包含
五個行政區)面積差不多。

　　基賽爾完成島嶼新物種演化的研究計畫後,就把焦點轉移
到其他事,留下一些想法尚未獲得驗證。其中一種和蝸牛有
關。雖然無論在哪裡,蝸牛都很難當上主角,但是在世界各地
的島上,蝸牛都演化出新種。蝸牛尤其快速多樣化。部分原
因,這種多樣化或許只是因為蝸牛的擴散緩慢(還記得民謠歌
詞寫著,黃鸝鳥問爬著葡萄藤的蝸牛,葡萄成熟還早得很,何
必那麼早爬?而蝸牛說:「等我爬上它就成熟了。」)(編
按:原文為 "I think I can; I think I can." 為一首美國經典兒童
故事所衍生的歌謠中的歌詞,歌曲名為 The Little Engine That
Could Song,為 Burl Ives 所演唱。由於文化差異,譯者此處巧
妙代換成臺灣歌謠〈蝸牛與黃鸝鳥〉來表達類似的意味。)不

過基賽爾認為，還有其他因素在運作。她在電郵中曾向我解釋，如果島嶼上要具有生物多樣性，物種需要兩種特質。首先，它們必須夠「宅」，才不會和其他島嶼上或本土的親戚交配。此外，它們也得是先到這座島嶼的物種。蝸牛剛好兩條件兼備。蝸牛的日常活動有地區性，且相當緩慢，一輩子可能移動不超過一公尺。不過，蝸牛不時——至少是通常足以先抵達島嶼——靠著鳥足、鳥腸道或甚至漂浮在圓木上，被帶到很遠的距離。蝸牛佔據了物種起源的最佳位置。另一方面，青蛙如果抵達島嶼，也可能會多樣化，但是蛙類更少能抵達。達爾文就注意到，蛙類不太擅長遠距離擴散。海洋島嶼鮮少有原生的蛙類物種。

偶爾長距離擴散與平時短距離擴散的組合，可能以兩個步驟發生。這情況是說，起初擴散得很好的物種一抵達某島嶼，就會失去擴散能力。如果整體而言，留在島上比離開島上好，那麼失去擴散能力對物種來說是有利的。通常情況就是如此。紐西蘭的蝙蝠即屬於這情況。一支蝙蝠支系來到紐西蘭，這是友善的環境，卻有險惡海洋包圍，於是蝙蝠失去飛行能力。一旦不飛了之後，這支系就更可能在紐西蘭的棲地擴散，果不其然，事實就是如此。許多島嶼的鳥類也發生類似情況。島嶼鳥類支系多次演化出不再飛行的特性，而一旦演化出來之後，那些鳥通常會分化為多種物種。這樣的鳥現在很少見，部分原因是人類來到這些島嶼，於是這些不會飛的鳥尤其容易面臨遭捕食的風險，無論是被人類吃掉，或是被跟著人類而來的物種吃掉，包括大、小鼠。

　　基賽爾與巴拉克勞的結果與預測，讓我們重新思考島嶼生物地理學的理論訴說了何種關於周遭生物的資訊。我們應該會預期，如果世界各地的森林、草原與沼澤範圍縮小，則古老物種應會滅絕。確實沒錯。在小塊區域，原本與同種生物彼此隔離的族群，也會演化出新種。不過能發展出新物種者，遠比滅絕的現有物種罕見，原因除了滅絕過程遠比種化過程快，也因為種化在棲地的小塊範圍發生機率不如大塊範圍高。

　　在此同時，能在棲地擴張時生存下來的物種，可望持續生存，伴隨我們進入未來。有些種類的生物擴散得夠好，起初能抵達我們日益擴張的人為棲地，但後來又無法在其中移動，這時則可預期新物種會演化。照基賽爾與巴拉克勞的敘述，蝸牛就是這樣的物種。但他們也納入一些植物種類，尤其是不擅長讓種子擴散的植物，例如得靠著螞蟻搬運果實的植物，包括延齡草屬（trillium）、菫菜屬（violet）與血根草。多種昆蟲也包括在內。至於更小的生物形態，目前尚無專論說明其島嶼生物地理學。有些真菌不善於擴散，因此有潛力在其棲息島嶼產生趨異演化，即使是小島嶼也是。另一方面，有些細菌物種善於隨風快速擴散，因此較像會飛的哺乳類，不太可能趨異，除非是因為某種特殊障礙而造成隔離。以病毒為例，新的病毒株即使在個別人類體內亦可演化，例如近年來導致嚴重特殊傳染性肺炎（COVID-19）的病毒。

基賽爾與巴拉克勞的研究，說明我們身邊有嶄新世界正在演化，而其中最新物種的相似度是相對可預測的。然而，要能預測到這樣的世界是一回事，但要說明這世界是從哪裡來，未來往哪裡去，則是另一回事。

就目前來說，人類打造出的最大棲地是農場。地球上玉米田的總面積相當於整個法國；對於吃玉米的物種來說，人類的玉米田是廣大的島嶼，在各大陸與氣候的群島中分布。此外尚有其他農業群島──小麥、大麥、米、甘蔗、棉花和菸草。可預期的是，這些作物之島上會演化出特有種生物。的確，這些生物已演化出來。若如作家達曼在《多多鳥之歌》所言，這些島嶼是「演化生物學的入門書」，那麼這些由農田帶來如島嶼般的棲地，就是《戰爭與和平》。[11]

玉米是值得注意的領域，但目前尚未得到達爾文或基賽爾之輩的青睞；沒有人驚奇地看待農場，以整體眼光看待在這背景下的演化奇蹟上演。坦白說，這實在可惜。對於作物中演化出的新物種，我們的認知是來自一些研究，而這些研究是希望理解這些物種，以求能掌控它；通常這些研究是由學科分支來分頭進行，例如一群科學家思考真菌，另一群著眼昆蟲，還有一群是研究病毒。如果一起考量的話，這些學門透露出的是，如今作物已是數百甚至數千種害蟲與寄生物的宿主，它們不會在其他地方生長。現在幾乎可說，作物上所演化的新物種，比

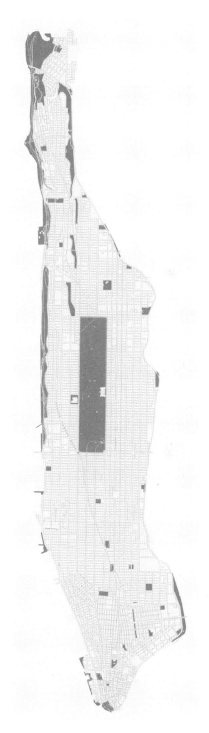

圖2.2. 綠地區域（例如分隔島和公園）所形成的群島，背景則是曼哈頓島。對於仰賴草地或森林棲地的物種來說，這些綠地空間（以灰色顯示）就像島嶼，且有不同的孤立程度。然而，對於住在城市中植物較少的空間，及街道、玻璃與城市世界的物種來說，曼哈頓是一座巨大、相連的島嶼，充滿著被拋棄的美食碎屑。圖表設計：Lauren Nichols。

加拉巴哥群島上演化的新物種還多。

在本書中，我使用「寄生物」時是廣義用法，包含所有生活在另一種物種的生命。通常我使用這個詞時，指的是會對其所寄生的物種帶來負面影響的物種。這些寄生物種包括蟲與原生生物，也包括常稱為病原體的東西，例如會致病的細菌和病毒。有些在作物上演化的寄生物種，是早在我們馴化作物之前就已攀附在上頭，和這些作物有古老的關聯。之後，這些寄生物種會隨著作物的改變而演化，而不是跟著祖先改變。一旦發生這種情況，它們就會成為新物種，和祖先與現存的親戚都不同。

其他寄生物種及有害物種就像小雀鳥飛到加拉巴哥群島，從其他棲地，來到我們的作物上重新定殖。科羅拉多金花蟲（Colorado potato beetle）的祖先寄生在北美的茄屬（*Solanum*）野生種植物上（馬鈴薯則是南美原生種）。在19世紀，這種金花蟲在馬鈴薯定殖，之後就對馬鈴薯的生長氣候快速演化出耐受度，也對最常噴灑在馬鈴薯上的殺蟲劑產生抗藥性。在北半球，如今基本上有馬鈴薯的地方就有科羅拉多金花蟲。[12]疫黴屬（*Phytophthora*）這種寄生物種曾導致馬鈴薯飢荒，它原本生長在南美野生種的茄屬植物上，卻一跳就跳到馴化的馬鈴薯，於是演化出新特徵，並遷移到愛爾蘭與全世界。[13]導致麥瘟病（wheat blast disease）的寄生物則是從原生於巴西牧草原的祖先演化而來——這種草稱為尾稃草（*Urochloa*），大約在六十年前從非洲引進巴西，顯然連寄生物一起跟來。寄生物的某些個體從草跳躍到小麥上；那些個體的後代一來到小麥上就開始演化，才能更加善用小麥。接下來，這些後代在巴西小麥田擴散，就像一陣風掃過植物間。

在農業的背景之下，作物育種者在培育新作物種類時，也可能促成另一種物種產生。在1960年代，作物育種者成功培育出一種作物品種——黑小麥（triticale），亦即小麥屬與黑麥屬的混種。不久之後，這種變種就感染新的疾病——白粉病（powdery mildew）。這是寄生在黑小麥上的禾本科布氏白粉菌（*Blumeria graminis triticale*）所造成。這種寄生菌是新支系，由一種寄生於小麥及另一種寄生於黑麥的寄生物種雜交而成。[14]

不過，在農業界出現的新物種並非都是害蟲或寄生物種。新的野草種類經過演化，會模仿作物種子，農夫一不小心，就會幫忙播種，尤其人工採收的時候。新物種甚至經過演化，善加利用收藏的作物。家麻雀（*Passer domesticus*）是在一萬一千年前，隨著農業出現；它是從更野生的親戚演化而來，稱之為新物種亦不為過。之後它不僅與野生親戚分道揚鑣，還演化出能攝取高澱粉食物的能力，這和我們的穀類有關。同樣地，米象屬（*Sitophilus*）的各種穀象也演化成仰賴我們儲藏的穀類。這時，它們會失去翅膀。此外，它們也和其腸道新菌種演化出特殊關係，從這些細菌身上獲得穀類找不到的特殊維生素養分。

在作物間演化的新害蟲、寄生物、野草與其他生物，未必總被當成新物種。有時候會稱為株（strain）、變種（variety）

或支系（lineage）。通常來說，這些區分沒有什麼差異，是表達農業分支下的細微差別，用來追蹤誰在吃我們的食物，或與我們競爭食物。但明確的是，就像新的雀鳥變種、定殖加拉巴哥群島後演化出的物種，以及在紐西蘭定殖後的新種蝙蝠，在農場的巨大島嶼上，到處都有害蟲與寄生物的新變種與物種在演化。在這些定殖、適應、趨異與物種興起的情況下，新物種不僅會演化出基因變化，還會以特定的適應性與身體上的表現來展現這些基因變化。達爾文曾寫過「雀鳥鳥喙」的相關資訊，但馬鈴薯金花蟲的長鼻或白粉菌分泌的蛋白質裡正展開的改變，奇妙之處也不遑多讓。從這些例子應能看出，田野中的新物種通常對我們有害，是不請自來的食客。

除了農業島嶼之外，我們也創造出龐大的都市化島嶼。相較於地球變化的一般步調，都市出現得非常快，其成長簡直像某種火山作用，爆發後凝固為水泥、玻璃與磚。演化生物學者往往忽視在這種地質構造作用中可能發生的多數演化。別忘了，生物學家傾向於把大部分注意力放在大型哺乳類與鳥類。諸如郊狼等大型哺乳類會快速移動，不會在各城市中孤立。鳥類會在各城市間飛翔，至少有時會這樣飛。但在城市中的多數物種較小，也沒那麼善於擴散。較小的物種世代時間（genera-tion time）較短，也會演化得更快。基賽爾與巴拉克勞就留意到，擴散能力不那麼好的物種比較容易孤立與趨異。隨著演化生物學家開始更注意城市，他們會看見快速演化、緩慢擴散的物種間趨異的跡象。

鼠並不是最可能在城市中演化出新種的生物族群。它們的世代時間較快速，移動也不如土狼，但也不像蝸牛。然而我朋友與合作者傑森・蒙西—索斯（Jason Munshi-South）的近期研究顯示，在某些地區，地理上分隔的都會區褐鼠族群彼此已開始趨異，不同之處越來越多——幾乎成了城市特定環境條件的函數，例如氣候、可得食物與其他細節。[15]這種情形不僅在相距遙遠的城市中出現（例如紐西蘭威靈頓的鼠，和來自紐約市的鼠有差異），就連同區域的不同城市也出現這種情況。蒙西—索斯近來說明，紐約市褐鼠族群關係緊密，也幾乎沒有與附近城市的褐鼠交配繁殖的證據。不僅如此，在曼哈頓一端的褐鼠似乎和另一端的鼠趨異。褐鼠在曼哈頓中城較不可能穿越、交配或吃住，原因或許在於，中城會大方（也可說是不慎）提供老鼠食物的人類常住居民密度比其他地區低。無論如何，從老鼠的觀點來看，中城就像兩座美好島嶼中間的一片大海。同樣地，在紐奧良其中一個地區的褐鼠，和其他地方的老鼠也會被河道隔離，也因此會趨異。另一方面，溫哥華某區域的褐鼠和其他區域的分離，是因為要穿越馬路很不容易。如果當前交配與移動的模式延續下去，每一座城市終將有其獨特的褐鼠種，會適應周遭的地方環境條件，可說具有每個城市的戶外風土條件。[16]

　　家鼠在隨著人類傳播到全世界之後，現在也趨異成幾種新種與更多變種。就目前來說，這些物種與變種只有細微不同，彼此間沒有太大差異，但是，給家鼠一些時間吧。家蠅在城市之間的多樣化現象較缺乏充分研究，但現在看來，在北美不同地區的家蠅也隨著當地條件而適應。我預測，多樣化也會發生在許多較小的物種，但仍缺乏研究。我們對周圍發生的變化視而不見。

　　城市和周遭棲地越不同，就越可能像島嶼。這不僅適用於新物種演化，也適用於那些物種的特徵。之前提過，失去快速擴散的能力是島嶼物種的常見特徵，例如鳥沒了飛行能力。在遙遠的島嶼上，鳥或種子若離家太遠，恐怕會發現自己在海上飄，而非到了哪個優質棲地。我們或許可預期，都會之島的物種也可能失去遷移能力，在附近環境條件想必優於遠方時尤其如此。有些都會區的小野菊（holy hawksbeard，譯註：應指還陽參屬的黃色小野菊）已演化出新傾向，不若鄉間親戚那麼熱衷於子孫滿天下。[17]這些小野菊會離家較近。失去在各塊棲息地擴散能力的物種，會更容易趨異演化出新種，每個城市、農場或污水處理廠都各有不同。

　　在未來，邊境控管的作法會影響許多在城市演化的物種命運。當我們比目前更善於控管物種在世界上移動時，城市中的物種會更快速彼此趨異。如果執行邊境控管政策，這情況就可能發生。要是全球經濟崩潰，各地遷徙的人較少時，也可能發生。COVID-19病毒肆虐之際，在某種程度上已讓這情況成為進行式。無論是哪種情況，物種演化或許會符合政治性區域，或至少是我們可執行控管的區域。因此歐洲農場或城市的物種，或許會和北美的物種不同。就我所知，即使目前尚無人探討，但這種差異很可能已在某些國家累積起來，例如紐西蘭這麼致力於防止不理想物種穿越國境的國家。這種差異也可能在戰爭或政治衝突而導致封閉的邊境兩邊。自從韓戰結束之後，北韓很可能有獨特的農業與都會物種演化出來。

如果物種在城市的特定棲地特化，就可能形成新物種。這其實和基賽爾與巴拉克勞思考的情況形成更直接的類比，也很接近在加拉巴哥群島發生的情形：陸生美洲鬣蜥屬的支系演化出能力，來利用水面下的生物。這些美洲鬣蜥屬演化出較短的腿、較平的尾部及其他適應法，讓它們躍入海底，取得其他動物鮮少會吃的海藻。美洲鬣蜥屬也演化出新型脊椎，還有如岩漿般的灰黑色皮膚，達爾文因而稱它們為「黑暗小惡魔」。如今在都市中也出現類似的趨異，且演化出更壞心的生物形式。在非洲，兩種瘧蚊屬（*Anopheles*）的都會族群似乎從正從鄉間族群趨異，原因可能是都會瘧蚊必須演化出對於污染物的耐受度，畢竟人類城市的污染物很多。在倫敦，尖音家蚊（*Culex pipiens*）族群在1860年代進入倫敦地鐵系統，自此之後，這些蚊子就與地面上的親戚大幅趨異，如今有人還把它視為不同物種——地下家蚊（*Culex molestus*）。地面上的物種經過演化，會吸取鳥類的血為食，而地下種則經過適應，吸取哺乳類動物（人類、鼠等等）的血為食。雌性地上蚊要吸血以產卵，但是地下家蚊因為食物較少，因此雌蚊不需要吸血即可產卵。[18]

室內的世界更可能成為新物種來源的大本營。我和合作夥伴在住宅中發現約二十萬種物種。那些物種並非只住在室內，但許多是如此。先談談其中的動物吧：包括地中海蚰蜒（house centipede）、幾十種蜘蛛、德國蟑螂與床蝨。我估計，長期生活在室內的動物不下千種，許多會在城市之間與城市內趨異。地中海蚰蜒幾乎都是如此，世界的每個角落大概都找得到，但它們似乎不太可能經常移動。那麼，家中最常見的蜘蛛物種呢？還有主要在室內生活的外來種螞蟻，例如黑頭慌蟻（*Tapinoma melanocephalum*）呢？目前尚無人研究這些物種的演化。

接下來再看看與我們最親密接觸的生物形式：在人身上與體內的物種，以及在人類飼養的動物身上與體內的物種，我們會仰賴這些動物，無論這些動物是貓、狗、豬、牛、山羊或綿羊。許多生存於人類身上的物種會隨著人類族群增加而演化。在人口成長的大加速時，人類飼養的動物族群也大加速。這情況發生時，有時仰賴人類或人飼養的動物物種，會出現更多特化的現象。對這些物種而言，人類與人類飼養的動物是進入未來的餐券。正如古老人類在世界擴散，住在他們身上的物種也趨異成新亞種，有時則是新物種。我的朋友米歇爾・特勞特溫（Michelle Trautwein）是加州科學院（California Academy of Sciences）的策展人，他與我共同完成的研究發現，人類在世界遷移時，蠕形蟎蟲就出現趨異。[19]蝨子、條蟲綱甚至人類皮膚上與腸道裡的細菌也是如此。

　　當然，剛才提到的是正在我們身邊上演的場景，只是我們未必樂見。從許多方面來看，在思索島嶼生物地理學時，往往會出現一種結論：我們太用力擠壓、分離與重塑地球這個濕麵糰，因此在無意間導致許多我們依賴或可能依賴的野生物種絕跡，同時又嘉惠惹麻煩的物種出現。由於物種絕跡速度比新物種出現快上好幾倍，因此數量並不平等。大自然和我們談一筆交易：如果我們放棄數千種的鳥類、植物、哺乳類、蝴蝶與蜂，就可換得一些新種類的蚊子與老鼠。實在是糟糕透頂的交易，但目前為止我們都接受。

　　好消息是，要保護地球上更多大型荒野還不算太遲。即使要如威爾森提議的挽救半個地球，也不是癡心妄想。這樣的保育工作可在公園進行，也可在自家後院展開。我們的草坪會有利於喜歡草坪的物種。別再整理草坪與植物，而是要嘉惠更多原生物種；把你家草坪變成群島中的一座島嶼，支持原生、森林或草原的物種。壞消息是，棲地隔離的物種所面臨的威脅，並非獨自發生。我們砍伐森林、填平沼澤時，也開始導致世界暖化。[20]

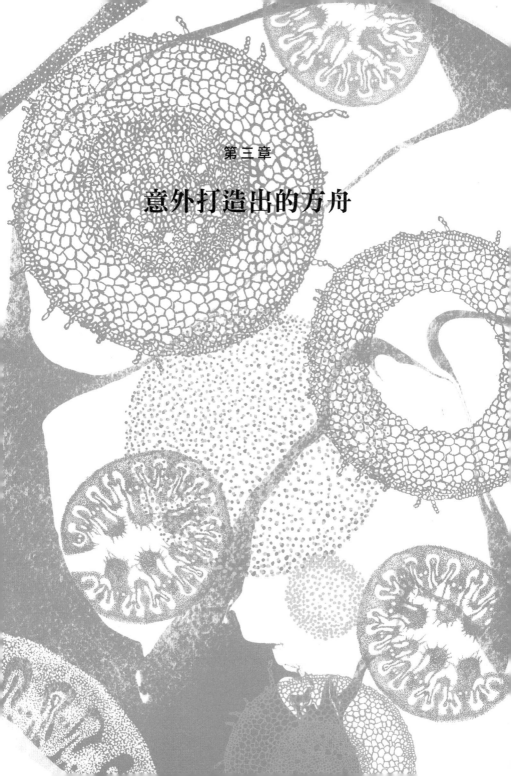

第三章

意外打造出的方舟

　　隨著氣候變遷，無論零碎的棲地面積大小，位於其中的物種在應對這樣的變遷時，選擇相對不多。有些物種面對新氣候時可調整自己的行為，例如晝行物種會開始在晚上活躍。其他物種可演化出對新環境的耐受度，而多數物種則需要遷移。讓我再強調一次：地球多數物種必須遷移，才能在氣候變遷的環境生存。數千種哺乳類、成千上萬種鳥類、數十萬種植物、數百萬種昆蟲都不例外，微生物種更是不計其數。這些物種離開現在棲息的島嶼，到不同島嶼的棲地，重新找到其所偏好的環境條件。物種需要遷移到新家園——生物學家貝恩特・海因里希（Bernd Heinrich）近年把這情況稱為找家（homing）。

　　在未來幾百甚至幾千年，找家會是生態學上最重要的現象。隨著熱帶氣候暖化，熱帶物種必須遷往更高、更涼的地方，但這樣也會面臨更多競爭，因為往山上遷移時，土地面積也會減少。北半球的熱帶物種可往北移，南半球的往南遷。比方說，哥斯大黎加的物種必須朝墨西哥的部分地區遷移，在此同時，墨西哥與佛羅里達州的物種就必須往洛杉磯與華盛頓特區遷移。即使對會飛的物種而言，找家也不容易。

　　物種必須設法找到新家在哪裡，之後必須前往那個地方。除非物種剛好擅長長距離飛行，否則就得緩緩移動，靠著行走或搭順風車，從一塊棲地前往下一塊棲地，直到抵達具有所需環境條件的地方——如果這環境依然存在。許多物種不會有新家，只能到處晃，卻找不到或是來不及找到所需之處。物種在抵達新環境時，氣候可能相當合宜，但就是少了其他條件。某物種或許獨自抵達某處,沒有交配對象。

幾年前,我和幾個北卡羅來納州立大學的同事決定,要設法探索物種在遷徙時可能會採取的路徑。我們想追溯物種可能沿著何種路徑前進。我會把這份計畫稱為夏蘭大計畫(Charlanta project),至於為何這樣取名,且見下文分解。

夏蘭大計畫團隊的觀點是受兩項觀念影響:生態棲位與廊道。生態棲位(ecological niche)是生態學家喬瑟夫‧格林尼爾(Joseph Grinnell)在20世紀初提出的概念,是以建築物中擺放塑像的小空間做為類比。格林尼爾認為,生態棲位就是大自然中讓每一種物種棲息的小空間。[1]每個物種皆有棲位,是生物法則。

供塑像使用的壁龕只要夠大,形狀差不多能容納塑像即可。相對地,要能容納物種的棲位則需滿足物種的所有需求,包括食物、氣候或能睡眠的地方。在考量到未來時,最重要的需求和氣候有關。每一物種都有一套能在其中生存的氣候環境,有些物種的氣候棲位(climate niche)很狹窄,有些物種則很寬廣。舉例而言,山獅的氣候棲位就很廣,可在炎熱潮濕的雨林生活,也可以在沙漠與寒冷的溫帶森林生活。相對地,北極熊或皇帝企鵝的氣候棲位就很狹窄。

有鑒於氣候變遷,生物學家得趕緊幫諸多物種一一描述其氣候棲位的特徵。在過程中,他們學到一種技巧:衡量物種當今所居住的氣候,即可得到相當不錯的氣候棲位預測指標。此外,如果得知某物種的氣候棲位衡量結果,就可能預測該物種在氣候變遷時，未來能在何處生存。這樣也可預測物種在找家時，必須前往何方。

第二個會影響我們思考的概念，是保育廊道（conservation corridor）。這是自然棲地的橋樑，讓某物種從某地前往另一地，可以是從一座城市公園前往另一座，也可以是從某大陸前往另一個大陸。廊道是靠著保留物種所需要的棲地而建構，是協助物種遷移的工具。但廊道亦可當作規則，以理解哪些物種在未來得以生存。運用廊道當作保育工具的觀念剛問世時，就引來了爭議。

我的朋友尼克・哈達德（Nick Haddad）很早就提倡保育廊道的價值。尼克是保育生物學家，工作重心是稀有蝴蝶的保育。他還是研究生時，就開始主張廊道可當作棲地的一部分，而廊道本身也可以是棲地；在此同時，廊道可協助物種（包括蝴蝶）從A點移動到B點。尼克可緊閉雙眼，想像出萬花筒似的蝶群與成群哺乳類沿著森林或草原的廊道移動。不會飛的哺乳類與昆蟲就以步行前進。小型鳥類會飛，種子則搭哺乳類與鳥類的便車，或位於它們體內。昆蟲也是，各式各樣的昆蟲也會前進。在氣候變遷的背景下，生物大遊行一律從接近赤道的一個點，往遠離赤道的一個點前進，或從山下往更遠的山上。很符合邏輯吧，至少對尼克來說是如此。

起初這觀念引來種種批評，這些批評聽起來既合理又不易測試。有人主張，廊道通常太狹窄，只能當作邊緣，缺乏中間地帶，因此充滿鄰近棲地的物種。其他人說，物種不會使用廊道，或廊道會有利於入侵物種遷移，卻對原生物種沒幫助，或者只對動物有益，對植物沒有好處。科學家越花時間去找廊道可能潛在的缺點，就越能找到更多。

不過，秘訣在於找個辦法驗證廊道是否有用。尼克想出一個點子。他喜歡在戶外實地工作，也喜歡打造與修補東西——無論是幫他的老屋換水管，或建造執行工作時的必須裝置。尼克常帶著一把鐵鎚或扳手，這麼一位建造大師當然會想出辦法，建造廊道。他寫提案給美國國家科學基金會，想前往南卡羅來納州的一處基地，美國國家森林局（US Forest Service）在那邊定期伐木——那裡就是薩凡納河區（Savannah River Site）。在這個區域，尼克會和森林局合作，砍伐出草原棲地「島嶼」，也就是砍下樹木，重塑棲地；這不完全是木匠的工作，但也挺類似的。通常人們想到島嶼般的棲地區塊時，會想到田野上的森林，或是草原上的森林；他們則是反其道而行，在一片林海中打造出草地區塊，讓這些草地宛如島嶼。這種區塊在大自然中很常見。想想看，小型森林大火發生之後，會留下小塊草原，周圍則是林木。也可想像古老池塘乾涸之後，上面蔓草叢生，形成草原。想像一下，山上有一塊開放的空地，就位於樹林的上方。尼克要把半數如島嶼般的草原區塊以廊道連接起來，而要建立廊道，就要砍伐更多樹。結果看起來會很像卡通槓鈴。同時，其他草原區塊則保持孤立。基本上，他的目標是要建立兩組複製的世界，其中一組是以廊道相連，另一組則無相連。（尼克還提議要考量其他複雜要素，但都屬於這主題的子題。）

　　然而，審核經費的人說這不可能，何況尼克還這麼年輕，沒辦法完成他提議的工作 —— 與其說是計畫，不如說是「夢想」。經費申請遭到拒絕。不過，尼克找到其他方式取得金援。尼克將會證明，這項計畫絕非天方夜譚。相反地，這計畫會成為關於廊道的實驗中最重要的一項，且延續至今。

　　尼克建立了棲地與廊道，之後開始研究物種是否會沿著廊道移動，如果會的話，又是如何移動。尼克和妻子凱瑟琳·哈達德（Kathryn Haddad）一同合作。森林局建立棲地區塊與廊道，而尼克與凱瑟琳手拿網子，記錄此間生態，焦點放在蝴蝶。過一陣子之後，凱瑟琳可放心了，因為尼克得到研究經費，可聘雇一組團隊。接下來有幾十個科學家加入，最後有逾百名科學家與尼克合作，研究廊道。他們探索蝴蝶、鳥類、螞蟻、植物、齧齒類動物等等。他們發現的是好消息。除了某些條件限制，廊道是可行的。在幾十篇科學報告中，尼克和學生、合作者，以及久了就成為朋友的人，寫下廊道運作的詳情。

　　尼克在研究這些廊道時，其他科學家也開始探究動物如何以更大的規模穿越廊道。他們看見證據，如果幫美洲豹保留或創造出巨大的廊道，那麼美洲豹就會在廊道上移動（美洲豹就是這樣回到美國西南部）。原生野鼠只會沿著它們周圍的狹窄綠色植物廊道來穿越城市，從小路到公園，再到城市地帶。[2]最後，就連許多早期批評尼克的人，也不得不注意到廊道的好處，尤其是行動力相對高的物種，例如蝴蝶、哺乳類與小型鳥類。就部分原因來看，他們會支援這方法，是因為尼克與其他類似的實驗所呈現的成果。但他們的支持也反映出眼前所面對的保育難題產生變化。尼克開始工作時，保育生物學家最擔心的是特定地方的物種保育，以及如何在那些地方把棲地連結起來。但在過去十年，有鑒於大家越來越察覺到在氣候變遷下有多少物種必須移動，於是焦點漸漸從讓物種留在原地，變成物種應該去哪裡，而不光是維持這些物種在原地的族群。

今天我們把廊道視為最重要的工具，在氣候變遷的情況下，能確保物種可移動。世界各地開始打造越來越多保育廊道，且通常規模相當大。舉例來說，Y2Y廊道計畫的目的是增加從美國黃石國家公園（Yellowstone National Park）到加拿大育空地區（Yukon Territory）的野生棲地連結。而無論是橫跨大陸，或是連接地方區域的廊道，都能帶來更多好處。沿著廊道生長的作物較容易獲得在廊道飛行的原生蜂授粉。害蟲較可能被掠食者與在廊道出沒的寄生物控制。周圍有樹林廊道的河流水質較好。此外，廊道也讓人能在多樣的自然棲地穿越。舉例來說，阿帕拉契山徑沿途的森林是野生物種的廊道，也是可供人類探索的路徑。不過，物種要能移動，廊道不是唯一的方式。舉例而言，有些物種會個別搬移，搭乘直升機或車輛，從舊家移居到新家。不過一明白需要移動的物種數以百萬計，廊道就是屈指可數的可行之道。

廊道往往被喻為方舟。在古老的美索不達米亞方舟故事中（後來又出現在聖經與可蘭經），有人得到指示，須以繩索與椿打造一艘非常大的圓船,並把每一種物種成員帶到船上,以拯救自己與不屬於人類的生物,避免淹沒在大洪水中。在故事的部分早期版本中,洪水是一名帶著憾恨的神所造成,因為人類太常打擾祂。人類太吵鬧、數量太多、太討厭,因此要受到懲罰。洪水來了,引發恐慌。在水退了之後,地球又重新有生物居住,荒野恢復生物多樣性,全是當初方舟上載運的物種後代。舟上的眾生從一個時代進入另一個,從過去進入未來,也從此地前往他方。[3]

如果廊道有如方舟,是從一處前往另一處、從過去前往未來(無論這「未來」包含什麼)的船,尼克的角色很明顯。他是打造方舟的木匠。這比喻讓尼克備感榮幸,他很高興能為物種搬遷幫上忙,尤其是長久以來關注的蝴蝶。他很快留意到,自己不是獨立完成這項工作,因為這項工作還需要幾十個、幾百個其他木匠。至於要讓哪些物種能上船,美索不達米亞版本與之後聖經中提到的方舟故事,都忽略了昆蟲。尼克不會犯這樣的錯誤。在尼克忙著打造一種方舟的同時,我們共同的日常行為也會快速造出另一艘船。

常有人說,現代生活型態很難讓物種在新生態棲位找家,即使物種必須找家,才能在氣候變遷的情況下生存,因為我們讓世界破碎化,過程中摧毀了物種可能會在上頭移動的廊道。

但這麼說並不完全正確。事實是，我們的日常行為確實在摧毀廊道，也在創造廊道，無意間打造出方舟。保育生態學家忙著把森林與森林、草原與草原、沙漠與沙漠相連之際，我們把城市與城市相連。會開始明白這一點，是因為我們進行一項計畫，辨識美國東南方的物種必須沿著哪些路線前進——這是夏蘭大計畫的一部分。

我會參與夏蘭大計畫，或多或少是受尼克的影響。在當時，尼克的辦公室和我的相隔兩間，他大聲說笑時，聲音能穿過辦公室的牆壁，傳到我耳中。因此，我每天上班時都會聽到「廊道」一詞。尼克在研究廊道，他的學生在研究廊道，而我們在學校走廊聊廊道。無論夏蘭大計畫的緣起為何，我們的目標是要思考城市在未來將如何發展，之後檢視自然空間的哪些廊道可能持續存在。這項研究是由亞當・特蘭多（Adam Terando）主導，而在當時，他的辦公室和我與尼克的辦公室相隔一道走廊（廊道）。亞當辦公室隔壁的柯提斯・貝爾億（Curtis Belyea）則繪製地圖。珍妮佛・柯斯譚薩（Jen Costanza）協助思索野生棲地。我和同事賽摩・柯拉索（Jaime Collazo）、艾莉莎・麥克羅（Alexa McKerrow）則扮演更多支援的角色。

預測都市化的未來、氣候變遷或任何人類行為促成的變化，標準作法是思考不同情境。科學家會問：「想像一種情境。在這情況下，如果人類這樣做、那樣做，或另一個作法，結果會怎樣？」在思索各種「如果……會怎樣」的情境之後，科學家就會預測那些情境的後果，無論是對野生物種、城市或氣候的影響。

在我們的研究中,「如果……會怎樣」是這樣:「如果人類的作為跟以前一樣會如何?」這是「一切照舊」的情境,是對未來最缺乏想像力的預測,然而無可否認的,也最可能發生。我們建立起以下的模型:如果人類興建房子的法規沒有改變、繼續偏好和過去一樣的棲息地(森林相對於草原、山丘頂端相對於河谷)以及道路是否依照經過時間考驗的測試延伸,把新成長的地方連接起來——這樣會發生什麼事。我們的模型預測,夏洛特(Charlotte)與亞特蘭大(Atlanta)的面積會增加139%,並整併彼此與其他城市,形成單一的巨大城市「夏蘭大」,從喬治亞州延伸到維吉尼亞州。[4]

在預測中,這種成長會對棲地連結產生各種影響,因此也會影響到廊道哪些零碎區仍可讓野生物種生存。各種森林的連結會減少,草原也是如此。每一種棲地型態之間良好的長廊道也會變少。濕地受到的影響不那麼大,部分原因是以目前政策來看,要在濕地上興建並不容易,而這模型也納入了這政策。從這份研究的整體樣貌結果來看,如果城市繼續像過去那樣成長,對於物種來說,未來會更難穿越森林與草原。的確,我們是在2014年建立這個模型,之後要在其間移動是益發困難。好消息是,這段時間人們努力購買與保留必需土地,連結起這塊大地,讓物種能有路前往必須去的地方。至於壞消息則可從貝爾億的地圖上看出。

亞當、柯提斯、珍妮佛、艾莉莎、賽摩與我檢視柯提斯繪

製的地圖，查看屬於自然的地方。不屬於自然的地方就是眾所
週知的「白色空間」（white space），它框出與打斷我們關注的
棲地空間。

　　大部分生態學家或許會這樣做，算是我們圈內最歷史悠久
的偏見。我這年紀或更年長的生態學家，受的訓練是要探察荒
野自然。部分原因，正如科學史學家雪倫‧金斯蘭（Sharon
Kingsland）所稱，把焦點放在荒野自然，是生態學領域祖師爺
的刻意選擇。[5]這些開山始祖選擇避開城市與農場日常生態的
混亂，亦即以人類為中心的世界混亂。然而，故事全貌沒那麼
簡單。生態學的焦點，也和哪些人選擇當生態學家有關。就像
威爾遜，我們許多人在童年成長過程中會抓蛇，或在沼澤中涉
水而過，在遠離人類時最快樂。這並非我們厭世（雖然是有那

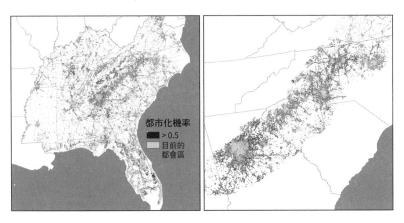

圖3.1：在左圖中，美國東南部在2009年的都市化程度以灰色表示，而預期
2060年的情況則以黑色表示。右圖則是把未來的夏蘭大市放大，就像某種巨大
的人為毛毛蟲在美國東南部爬行。地圖繪製者：Curtis Belyea。

麼一點），而是我們熱愛大樹、難以捉摸的哺乳動物，以及狹窄小徑。生態學家退休後不會搭郵輪渡假，而是搬到小木屋繼續研究，同時也培養嗜好，例如飼養長角牛、為遭到遺忘的地方繪製地圖，以電鋸做木雕，或集結起世上最大的稀有石榴變種收藏（以上是我幾個退休友人的實例）。親近自然的傾向有好處，但也有代價。其中一項代價是，有時生態學家會錯過近在眼前的事物；可能因為樹木而忽視了城市。第二章島嶼和類島嶼棲地的故事就是這麼回事。我和合作者在觀察貝爾億繪製的圖時，發現在思索物種對氣候變遷的反應之際，也會出現這情況。有很大的程度，我們已決定哪些物種能靠著移動來回應氣候變遷。而我們「一切照舊」的行為，也打造出一艘方舟，這方舟可能承載特定的物種，從此地前往他方，從過去邁向未來。這艘方舟就是夏蘭大。

如果仔細看圖3.1，就會看出這艘方舟的性質。右圖顯示的是夏蘭大，這座巨型城市把目前的城市串起來，就像繩索上的結。但在北端，它也會和已存在的巨型城市形成連結，也就是從華盛頓特區延伸到紐約市的都市空間，就快碰到波士頓，只是沒完全碰到。這就是我們錯過的部分。我們已建立起廊道，一個完美的巨型廊道，但這廊道無法供稀有蝶類、美洲豹與植物使用。相對地，這廊道是供都市物種移動，亦即能沿著道路、能在建築物之間生存的物種，這些物種並不是在綠色空間生存，而是灰色空間。因此，這些能移動、找到新家的物種，會是那些在城市繁榮生長的物種，能飛得高、走得快，搭的便車多不是黑熊胃腸或埋葬蟲（carrion beetle）長腿，而是我們——無論是我們的身體，或我們豢養的動物身體、交通工具或甚至在貨物中。

在最古老的方舟故事中，鳥類（通常是鴿子）會從方舟飛起，一去不回，最後找到在洪水過後浮現的土地上，停留在那裡。這隻失蹤的鴿子象徵的，是大洪水之後的時代。鴿子也提供關於未來的訊息，這是拜福坦莫大學（Fordham University）博士生伊莉莎白·卡倫（Elizabeth Carlen）及其指導教授傑森·蒙西—索斯（Jason Munshi-South）進行的研究之賜。在北美，野鴿（rock dove，亦即pigeon）會在都會地景蓬勃生長，但在森林或草原則不然。在北美東部，它們生活的城市多半是由從華盛頓特區到紐約的都會廊道連接。然而，在紐約與波士頓之間的廊道卻有小小的斷裂。近來，卡倫研究了北美城市野鴿的遺傳學，發現從華盛頓到紐約的野鴿大可自由雜交的證據，因此華盛頓特區的野鴿與百老匯野鴿之間沒有差異。從一個地方往其他地方擴散，會發生得快速簡單。然而，從華盛頓特區到紐約廊道的野鴿，和波士頓的野鴿基因上有些微不同。以目前來說，它們缺乏充足的廊道。[6]

以波士頓野鴿的例子來說，可看出城市如何能讓生物移動，也能讓新物種演化。如果把島嶼生物學與廊道的觀念整合，就能預測城市若彼此良好連結，形成巨型城市，就能讓物種由南往北遷移（在北半球）。但可以預期的是，任何特定巨型城市中的物種，都可能會和其他巨型城市的物種趨異。同時，任何特定物種的故事，會在多大程度上變成擴散、趨異或滅絕的故事，端視於族群大小、移動多快速，以及是否率先抵達特定棲地。

都市廊道非常適合確保偏好都市棲地且擴散良好的物種生存。我們在無意間為這些物種打造出方舟。但不只如此。我們也把住家甚至人體棲地連結起來。我們建立廊道，讓世界的床蝨可以南來北往，前往偏好的氣候。德國蟑螂的氣候棲位也很狹窄；在中國，這些蟑螂只能在有冷暖空調的建築物室內生存。近期研究指稱，這些蟑螂是在過去五十年，透過有空調的列車所提供的廊道，擴散到整個中國。[7]野鴿、床蝨、蟑螂——我們不僅連接起這些物種及其棲地，也為這些物種的未來連結奠下基礎。我們投入基礎建設，確保它們能生存。

你在閱讀這段文字時，可能覺得這情境有點熟悉。畢竟，我們目前正非常具體地呈現這個事實：我們把世界各地的區域連結起來，不僅靠著道路，也靠著飛機與船舶。就全球來看，港口城市靠著大量的船隻與航線連結。城市還有更大量的飛行航班連結。透過交通，各國交織在一起。在這過程中，我們也打造了另一種廊道，這種廊道是給一組較狹隘的物種：可以搭人體便車的物種。導致COVID-19的冠狀病毒就沿著這些廊道前進，其路徑描繪出人體從他方移入此地，再從此地移動到他方。這種連結會產生很強大的後果，原因我會在第四章探討：人類能在世界各地大量茁壯，原因之一，就是我們有能力逃離那些喜歡和我們同住，又犧牲我們的物種。[8]

第四章

最後的逃脫

　　動物為了尋找所需環境而移動時，會碰到過去未曾互動的物種。從未相處過的物種會彼此相遇。植物會遇到新授粉者，也會遇到新害蟲。貓頭鷹會聽到未曾聽過的其他種貓頭鷹鳴叫。老鼠會遇見新的老鼠。每回相遇，都是新故事展開的機會；屆時將有數不清的新故事。這些故事有時是預測不到的，我們身邊總有這類無腳本的戲劇在展開。不過，其他故事倒是在意料之中，其中有些可透過逃脫法則來預測。

　　逃脫法則主張，物種若能逃過掠食者與寄生者（也就是敵人），則可受惠。長久以來，物種經歷過逃脫優勢，例如移動到沒有敵方的區域；演化出對敵方的抵抗能力；或更罕見的——讓敵人滅絕。在過去幾百年，人類從一個區域前往另一個區域時所帶來的物種，會讓逃脫格外明顯。這些引進的物種通常會在沒有天敵的情境下繁榮生長。舉例來說，入侵樹木比原生種更少被草食性動物吃掉。[1]拜敵人被留在遠方之賜，如今這些植物更翠綠盎然。人類不會被排除在逃脫法則之外。當我們在世界各地移動時，也會因為逃過敵方魔掌而受惠。

　　我們有時候是從掠食者逃脫。人類祖先有很長一段時間是被掠食者包圍的。如果野生的非人靈長類會說話，通常說的會是「喔！好好吃的水果」——這是黑猩猩常發出的讚嘆——或如長尾猴（vervet monkey）之類的物種會說「要命，豹子來了」、「要命，有蛇」，還有「老天哪，會吃小孩的大老鷹！」。[2]早期人族也會被豹子、蛇或老鷹吃掉——這只是舉幾個會攻擊人類的物種例子。早期人族顱骨中，保存得最好的之一是塔翁孩童（Taung Child）的顱骨。這顱骨的特別之處在於，它似乎是從巨鷹的巢下發現的，其中一個眼窩有爪痕。在其他地方也發現過許多人族骨骼，起初大家以為那些地方是能遮風擋雨之處，但後來又發現，那其實是大鬣狗的骨堆。簡言之，我們的祖先常被吃掉。現代的戰或逃反應，就是在這般戲劇的背景下演化而成。但人類祖先開始打獵之後，就會殺掉掠食者。

近年來，爬蟲學家哈利‧葛林（Harry Greene）與合作者湯瑪斯‧海德蘭（Thomas Headland）的一項研究指出，有些人類依然是巨蛇掠食的對象，不過，那是例外中的例外。[3]大致而言，我們已完全逃脫掠食者，掠食已成了戲劇性的過往雲煙。但要逃脫寄生物，就不是這麼回事。我們能逃脫一些寄生物，部分原因是疫苗、洗手、污水處理及其他公衛政策。不過，相較於這些相對較新的逃脫，人類也受惠於（或無法受惠於）更古老的一種逃脫，亦即從他們居住的地理區逃脫。隨著世界變暖，物種透過我們在各區域及大陸之間的聯繫而移動，於是能明顯看出人類曾所經歷過的逃脫益處，可是，這些益處只有在消失後才會看得出來。

如果考量全世界，人類的逃脫地理學算是相當單純。我和朋友麥克‧蓋文（Mike Gavin），以及另外兩名合作者妮瑪‧哈里斯（Nyeema Harris，環境科學家）與強納森‧戴維斯（Jonathan Davies）的研究能說明，幾年前，人類的傳染病與導致傳染病的寄生物，向來是在炎熱潮濕的環境下比較多樣。[4]就這方面而言，寄生物並不獨特。從目前研究來看，幾乎所有的生物族群都在環境炎熱潮濕的熱帶最為多樣。這樣的環境有利於美麗的鳥兒、奇特蛙類與長腿昆蟲多樣化與持久，但也有利於會致病的致命寄生物，包括病毒、細菌、原生生物，以及五花八門、面目猙獰的蟲。如果環境較乾燥，即使炎熱，對多數寄生物來說就不那麼適合。更冷的環境條件也一樣不適合。即使在熱帶演化出的寄生物能在較乾燥或寒冷的環境下生存，但多半不太可能大量孳生。簡言之，如果某個地方越是溫暖潮濕，人類就會遇到更多種寄生物，也更難逃脫。

然而，如果把焦點放在某一種寄生物種，會發現情況比較複雜。從許多方面來看，瘧疾就能象徵古老的寄生物地理，也能象徵這種複雜性。時至今日，每年有約一百萬人死於瘧疾，但不是每個地方都是如此，在季節性寒冷或乾燥的區域，疫情比較容易掌控，不會有大量死於瘧疾的情境發生。有些人類透過居住在熱帶之外，逃脫了熱帶的寄生物。感染地理學與逃脫地理學不僅有古老淵源，且盤根錯節。

每一種現代非洲人科物種，包括大猩猩、黑猩猩與倭黑猩猩，各有各的瘧原蟲宿主（瘧原蟲）物種。人科動物會演化與趨異，瘧原蟲也是。導致早期人種（例如巧人）生病的瘧原蟲屬，可能包括一種古老瘧原蟲，那種物種最接近感染現代黑猩猩與倭黑猩猩的瘧原蟲（就像我們和黑猩猩與倭黑猩猩一樣密切）。這就是人類祖先的瘧疾，是跟著人類起源的祖傳之物。然而大約在兩三百萬年前，一種古老人種似乎演化出基因變化，紅血球會產生一種糖，並與一種瘧原蟲結合；這項變化讓他們對古老瘧疾免疫了數百萬年。[5]

大約一萬年前在熱帶非洲的某處，大猩猩的一種瘧原蟲株跳到人類身上。這瘧原蟲此時演化出能力，應付人類紅血球及缺乏關鍵糖分的情境。[6]後來，這瘧原蟲開始趨異，變成新物種，如今稱為惡性瘧原蟲（*Plasmodium falciparum*），或只稱為惡性瘧（falciparum malaria）。惡性瘧在非洲傳播，且繼續擴散，而促成擴散的原因是農業興起，作為宿主的人類族群定居下來，通常環境中還有靜止的水。惡性瘧現在佔全球瘧疾死亡病例的絕大多數。

古代人類瘧疾的演化，以及人類演化以躲過瘧疾的整體故事，都發生在熱帶。同樣地，大猩猩的瘧原蟲在人類身上拓殖與惡性瘧的演化，也是發生在熱帶。只要人類居住於炎熱潮濕的氣候，就可能受到瘧原蟲及其演化這場戲的危害，在這些戲劇中，人體成了悲劇反覆上演的舞台。惡性瘧在過去一萬年來已足夠致命，以至於有些人類族群已演化出適應能力，不那麼容易受到瘧原蟲與其後果傷害。

當人類移動到較乾燥或涼爽的棲地時，就離開了瘧疾持續造成悲劇的舞台。瘧原蟲本身與帶有這種寄生物的蚊子物種，在蚊子可繁殖的潮濕環境及不會被寒冬殺死的溫暖環境最猖狂。在部分人類歷史與史前階段，瘧疾擴散到部分較為寒冷乾燥的地區，但遲遲不前。在這些地區，其影響比較零星，不那麼頻繁（而在多年之後，也更容易控制）。整體來說，在過去一萬年，當人類移往寒冷或乾燥的地方時，就躲過了瘧疾。在某些國家，由於較冷的區域具有能逃脫瘧疾的可預測性，因此那些國家較冷的區域就成為菁英的世外桃源。上流菁英透過離開寄生蟲偏好的棲位，躲過這種寄生物。同樣地，今天若住在世界瘧疾疫區之外的國家，則這些居民就是沿用從這種寄生物逃脫的優勢。在過去一萬年的大部分時間，姑且不論從其他寄生物逃脫，人類光是從瘧疾逃脫，就可能和預期壽命變長、嬰兒死亡率降低有關。如果你今天住的地方不屬於瘧疾疫區，你很可能受惠於沒有瘧疾；這是你受惠於逃脫法則的結果。以熱帶棲位為主的寄生物有百百種，惡性瘧只是其中之一。這些物種的生物學詳細特徵及棲位都不一樣，但有個共同點：如果一個人所居住的地理區是在那些寄生物的棲位之外，就經歷逃脫。

　　人類透過居住在寄生物棲位之外，經歷到不再受寄生物影響的地理逃脫。這可能以兩種不同方式發生。我在第二章引介了生態棲位的概念，但那時提到的概念是單一的。實際上，每個物種有兩個棲位：基本生態棲位（fundamental niche）與實際生態棲位（realized niche）。物種的基本生態棲位是指該物種**可以**生活的環境條件，且通常也是那些條件所在的地理環境。實際生態棲位則是指這些條件與地理環境下，確實可找到該物種的子集合。若有另一物種防止某物種定殖到特定領域，則某物種的實際生態棲位可能比基本生態棲位小。不過，基本與實際生態區位會出現差異，更常見的背景是某物種無法抵達特定地區。舉例來說，南極可能完全具備北極熊能繁榮生長的條件。南極洲或許是北極熊基本生態棲位的一部分，但是要從北極到南極洲必須游很長一段距離，因此南極洲並不是北極熊實際生態棲位的一部分。

在思考到逃脱時，基本生態棲位與實際生態棲位的差距，

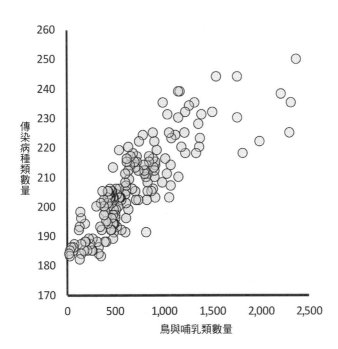

圖4.1：寄生物造成的傳染病種類數量，無論這些寄生物是蟲、細菌、病毒或其他分類群。在一個政治分區內，此傳染病種類數量是鳥與哺乳類多樣性的函數。有較多種鳥和哺乳類的地方，疾病種類也較多，因為造成更多種鳥類與哺乳類演化的過程，也會造成更多種寄生物演化，亦即傳染病的致病因素。

是關係密切的要素。物種（包括人類）只要移動到敵人的基本
生態棲位之外，就能夠逃脫。今天歐洲人能逃過惡性瘧疾就是
這種情境。惡性瘧能很容易來到歐洲，但因為帶有寄生蟲的蚊
子及寄生蟲本身的生物特徵，使得惡性瘧能很快受到控制。然
而，人類也可在特定敵人基本生態棲位內的區域移動，只要不
在敵人的實際生態棲位即可。他們可前往敵人尚未到來之處，
這麼一來就逃脫了。這種逃脫在人類史前與歷史上相當重要，
但總是曇花一現，只能在某敵人無法在所有基本生態棲位定殖
的情境下維持。最後，敵人會追上來，此等現實和我們將面對
的未來很有關係。

　　研究人員已充分研究人類歷史上的一次逃脫。這次逃脫的
發生時間點，是人類族群開始從亞洲遷移到美洲，因為當時這
兩座大陸有陸橋（地峽）連接。這座陸橋是在異常寒冷的階段
出現，那時冰河凍住許多水，海平面下降，於是露出一段通
道。當人類穿越這陸橋時，其移動對仰賴人的寄生物來說，為
生態棲位造成複雜的影響。一方面，這些人在殖民新區域時，
讓新區域可能成為諸多人體寄生物的生態棲位。然而，這些人
得先穿過天寒地凍的北美，前往美洲的其他地方，這對寄生物
來說有特殊的影響。腸道寄生蟲（例如鉤蟲）的卵需要較溫暖
的場地，因此一開始就無法在最初來到美洲遙遠北邊的人身上

生存下來。此外，仰賴更偏熱帶條件或帶菌者的寄生物，也會被拋在更遠之處。有些人體寄生物在人口稠密處較能繁茂生長，因此諸如結核桿菌、志賀氏菌屬與傷寒的沙門氏菌等病菌也被拋下。[7]寄生物也可能是在因緣巧合之下沒跟過來；遷移的族群身上恰好沒有這些寄生物。在這背景下，美洲最早的居民可能逃過幾乎所有的人體寄生物，不光是住在遙遠的北方時如此，後來往南邊移動時也是如此。就大部分來說，情況就是這樣。

我說「大部分」是因為要完全逃脫寄生物，可沒表面上那麼簡單。一旦寄生物種出現，通常會透過人類族群快速擴散，就像近年導致COVID-19的病毒。這種病毒即使已演化成能感染人類，原本也可在中國止步。但很遺憾，病毒離開中國，快速在世界各地拓殖。巴西寄生蟲學家阿道托・阿羅喬（Adauto Araújo）與內布拉斯加大學的寄生蟲學家卡爾・雷因哈德（Karl Reinhard）密切合作，而從兩人的研究來看，這和幾千年前美洲所發生的情境有類似之處。

阿羅喬與雷因哈德的畢生投入於研究歐洲人抵達前的美洲民族木乃伊與遺骸，探查其寄生物及相關知識。他們發現，那些遺骸含有的許多寄生物種，不可能在人類步行穿越遙遠北方陸橋的過程中存活下來。陸橋的環境是在這些物種的基本生態棲位以外，因此它們會在寒冷中死亡。這本身已是一大發現，還有一項證據，證明美洲最早的居民有些並非從陸橋而來，而是搭船（這船究竟是穿越太平洋，或沿著海岸從北往南而來，目前仍屬未解之謎。）但比生物度過航程的證據更令人驚訝的是物種的數量。舉幾個例子，這些寄生物種包括鉤蟲、叩頭蟲（wireworm）、鞭蟲與蛔蟲。[8]就連某一種結核桿菌的菌株，也可能是隨著旅程而來。[9]在抵達美洲之後，這些物種悉數會拓殖到美洲基本生態棲位地理區的所有人類（或幾乎所有人類）身上。

寄生物擴散到整個美洲時，美洲早期民族能逃脫的非洲、歐洲與亞洲人類之敵就減少了。（從後見之明來看，這似乎也是一種預兆。）然而重要的是，並非所有寄生物種都能完成航程。許多寄生物種被留下。以最早居住在亞馬遜森林的美洲人為例，他們沒有黃熱病、血吸蟲病（schistosomiasis），也沒有惡性瘧。不過，他們有其他問題。

在歐亞與非洲，人類在大加速早期，想出越來越多辦法對付大自然之際，也產生許多新的生態條件組合。原本稀少的物種經過長久之後變得常見。許多馴化的動物就是如此，包括豬、山羊、牛、綿羊與雞。此外，人類以比過去更高的密度定居，起碼在某些區域是如此。疾病生態學家會打從心底有共識的一件事是：這對於新寄生物演化及其導致的疾病來說，是很理想的條件。回到第二章的概念，若從寄生物的視角來看，龐大的人類族群就像巨大的棲地島嶼。和人類一起生活的動物，為許多寄生物種提供在那些島嶼上拓殖的機會。這就是過去發生的情況。在歐洲、亞洲與非洲的大型聚落，新寄生物種演化出住在人類身上的能力，並且在人類之間擴散。在人口很稠密的聚落中，還有嶄新型態的寄生物演化出來，會透過空氣來人傳人。在大加速之後，人口密度提高，對生態系統衝擊日益增加，而寄生物會以演化來回應，於是造成種種疾病，包括流感、麻疹、腮腺炎、瘟疫與天花，這還只是部分例子。[10]

就像在歐洲、亞洲與非洲，美洲人類族群也會經歷加速成長，但會稍晚一點。隨著美洲人口成長而演化的新寄生物種卻少得多，只是原因尚不明朗。

最後，美洲人類族群經歷到的逃脫，不光是一兩種寄生物種，而是數十種甚至數百種，有些古老，有些則新近。

類似的逃脫會在不同程度上，發生在遷移到世上大大小小的島嶼時。人類會打造船隻、操作船帆、划槳或駕船，遠離古老與嶄新的惡魔。

人類身體從掠食者與寄生物逃脫的過程，也會在作物上重演。人類在世上約五、六個彼此獨立的地方，思索出如何馴化作物，為自己圍圈起更大的綠色世界。之後，他們也開始把那些作物移到比原生環境稍微乾燥的地方。這些馴化作物遷入之處，未必有最適合的氣候或土壤，而是人類最需要這些作物的地方。或許是運氣，那些地方剛好也距離一些害蟲或寄生物的生態棲位夠遠，因此作物經歷到逃脫。之後，人類開始搭上船，從一區移動到另一區。

　　人類搭船移動有兩種結果。人類族群移到新的地理領域，在身體上達成新的逃脫。人類逃到馬達加斯加島、紐西蘭，幾乎每一處天涯海角都有人跡。但人類也移動了作物。舉例而言，來自南美洲與中美洲的作物移到加勒比海，來自非洲的作物移至南歐。作物也逃脫了；逃脫效應最大之處，是作物移到截然不同的生物地理區。

　　經過幾億年，相對孤立的不同陸塊讓不同區域的動植物，甚至微生物都開始出現差異。相隔越遠的區域，物種就越不可能在其間移動。在地理環境分隔下，物種開始趨異。時間越久，物種趨異程度就越大，到了後來，不同區域會各有很不同的物種。蜂鳥只在美洲能找到。番茄、馬鈴薯與辣椒的祖先也是。樹袋鼠只在澳洲與巴布亞紐幾內亞出現，香蕉的祖先也是如此。猿只出現在非洲和亞洲。日後的移動又疊加在這些差異之上。在某些情境下，陸塊會互相撞擊，於是其中一個陸塊的物種會和另一個陸塊的物種混合。在其他情況下，個別物種會從一個陸塊擴散到另一個陸塊：想像一下，有兩隻猴子在一根大圓木上飄洋過海，據信靈長類動物就是這樣抵達美洲的。由於孤立、地質構造與擴散等因素結合，因此不同陸塊在生物相（biotas）會有所差異；生態學家著眼於此，將陸塊分門別類成生物地理區域。舉例而言，北美大部分地方的生物地理區是新北界（Nearctic），這一區物種的差異，高過包含大部分歐亞所屬的生物地理區——古北界（Palearctic）。

　　作物從一個生物地理區移往他方時，不僅能逃脫古老的害

圖4.2：圖為地球的生物地理區，各區是依照出現的兩棲動物、鳥類、哺乳類來區分。彼此間非常不同的區域會以白線及不同色調區別。地圖上的線條標示出的軌跡，說明智人可能如何在地球移動，躲避寄生物種與掠食者。這張圖是由Lauren Nichols繪製，參考資料為：Holt, Ben G., et al., "An Update of Wallace's Zoogeographic Regions of the World," *Science* 339, no. 6115 (2013): 74–78.

蟲與寄生物，而其所移入的地區，也沒有古老的害蟲及寄生物的親戚。這樣的移動能讓作物的新逃脫更完全。歐洲人來到美洲時，作物移動與逃脫的速度加快了。辣椒跟著葡萄牙人移動到印度與韓國等地，深深融入當地文化與料理，現在還被當成是原生物種。番茄最後移到歐洲，而馬鈴薯則從安地斯山區移入愛爾蘭。

在這移動過程中，除了創造出逃脫機會外，人類也會創造出給寄生物與害蟲擴散的機會，讓它們拓殖到基本生態棲位的整個地理區。當宿主逃脫寄生物或害蟲時，生物學家稱這種逃脫為「天敵脫離」（enemy release）。至於如何說明天敵又再度找上門，目前還沒有好的用字——或許是因為，沒有文字足以形容那一刻有多可怕。

當歐洲人來到美洲，也帶來過去美洲原住民曾靠著移居美洲而躲過的寄生物。他們也帶來在歐洲、非洲與亞洲大城市演化的新寄生物。歐洲船隻載滿每一種會感染人體的疾病。這些疾病擴散開來的結果，就是造成前所未見的死亡規模。數千萬美洲原住民死亡，後來這情況稱為「大死亡」（Great Dying）。美洲的古老城市崩潰，人口遷移他方。這場災難規模之大，讓殖民者以為美洲人口向來不多。他們把住家與文明遺跡視為是消失民族的證據，而不是疾病與種族屠殺共同造成的結果。[11]

後來，美洲作物的寄生物追上已遷移的作物。馬鈴薯晚疫病來到愛爾蘭，於是愛爾蘭的馬鈴薯又碰上原本已逃離的天敵。接下來發生的饑荒，導致一百萬愛爾蘭人死亡，以及另外一百萬人遠走他鄉。

如今在許多國家，人民的健康福祉及作物的產量仍得靠著兩種逃脫來維繫。第一種逃脫，是來自寄生物與害蟲物種的實際生態棲位小於基本生態棲位。第二種則是人口與作物在寄生物與害蟲的基本生態棲位外生長茁壯。這兩種逃脫都因為全球性的變化而受到威脅，前者是因為我們透過交通運輸網，把全球連接起來，後者則是因為氣候變遷。

靠人類連結世界的方法逃脫所造成的後果，已可從木薯粉介殼蟲追上木薯看出徵兆。木薯原生於熱帶美洲，後來引進到熱帶非洲與亞洲。在熱帶非洲與亞洲的許多地方，由於木薯沒有天敵，遂成為主要糧食來源。對許多非洲、亞洲及美洲熱帶低地的人來說，木薯的角色就像馬鈴薯在飢荒之前與愛爾蘭人的關係。[12]

後來到了1970年代，木薯受到威脅。新的粉介殼蟲（與蚜蟲有親緣關係）來到非洲剛果盆地的木薯上。原本立意良善的研究者，試著把新育種木薯從美洲引進非洲時，不小心連粉介殼蟲一起引進。粉介殼蟲是個大胃王，可在一年間殺死一畝畝的木薯田，把良田完全摧毀，不留分寸。如果粉介殼蟲持續以在剛果盆地擴散的速度前進，幾年之內就會席捲非洲，再過幾年就會進入亞洲，似乎沒有辦法可擋。粉介殼肆無忌憚生長，族群絲毫不受來自蟲類剋星或寄生物的壓力。粉介殼蟲已擺脫所有演化來掠食它們的物種，把那些天敵留在原生範圍。粉介殼蟲逃脫了。

要阻止粉介殼蟲的一種可能，是前往其原生地，尋找任何能遏止粉介殼蟲的昆蟲或寄生物，之後把這種天敵釋放到粉介殼蟲入侵的地方。這種生物控制法可能很冒險，難處在於要思考究竟什麼是粉介殼蟲在原生地的掠食者，並把那些物種帶到剛果，盡量多多飼養，然後釋放。

要找到粉介殼蟲的天敵，就要知道粉介殼蟲從哪裡來，但沒有人知道。既然不知道粉介殼蟲從哪來的，或許看看它的親戚是打哪兒來會有幫助。但沒有人知道粉介殼蟲和哪些物種有關，遑論追溯那些物種住在哪裡。既然不知道其親戚是何方神聖，或許可前往最早馴化木薯的地方（也就是木薯的害蟲與寄生物，以及它們的害蟲與寄生物可能最常見的地方）。結果，沒有人詳細研究過木薯的地理發源地。這麼一來，既然沒什麼好選擇，於是猶如初生之犢的年輕科學家漢斯‧赫倫（Hans Herren）開始著手研究。赫倫先從加州出發，往南移動。一塊田就是一個戰場，關關難過關關過。他在哥倫比亞找到粉介殼蟲，後來卻發現那是不同的種類。[13]他的其中一位朋友以赫倫的名字來為粉介殼蟲命名，而他則繼續旅行。

赫倫從沒找到粉介殼蟲，不過，他告訴朋友東尼‧貝洛提（Tony Bellotti）自己在找什麼。貝洛提剛好到巴拉圭，和即將成為前妻的女子坐下來簽離婚協議書。貝洛提大有理由找些事情，轉移注意力。而當他在轉移注意力時，赫然發現木薯粉介殼蟲就在原生範圍，也就是巴拉圭。[14]赫倫、貝洛提與其他人之後發現有一種巴拉圭的寄生蜂會把卵產在木薯粉介殼蟲身上。他們把十幾隻寄生蜂帶到英國的檢疫實驗室（在這地方，要是發生意外逃離，也不太會造成問題）。之後在詳細研究這種寄生蜂的生物學之後，他們把寄生蜂的後代帶到西非，克服萬難，找到辦法把幾隻寄生蜂變成幾十萬隻寄生蜂，並把寄生蜂大軍放出去，而令人吃驚的是，這些寄生蜂及其後裔在整個非洲擴散開來，消滅粉介殼蟲，為數千萬名非洲人拯救了木薯作物。[15]同樣的故事之後會在亞洲重演。

這一小群科學家個個在生物學界某個鮮為人知的領域當專

家，而他們拯救好幾億人免於挨餓。那些科學家堪稱英雄，因為他們願意在未知物種的荒野中窮追不捨，大海撈針——或者在這例子中，是找隻寄生蜂。或許更奇的是，從知識的角度來看，在科學家找到粉介殼蟲的過程中，他們明白可能還有許多和粉介殼蟲相關的物種可攻擊木薯（以及許多和寄生蜂相關的物種，可除掉那些粉介殼蟲），但沒有人會回去研究其他粉介殼蟲、寄生蜂或任何和木薯在原生地共生的物種。總之，沒有真正的詳細資料問世。要等到下一次災難發生時，才會有人繼續研究。臨近的悲劇與真實的悲劇會提醒我們，未知的規模是多麼龐大。我們會忘記在接近悲劇之前，未知事物都帶著暴風雨前的平靜，我們也忘記真實的悲劇令人哀傷的靜默。我們會為自己的遺忘付出代價。[16]

這些科學家沒有忘記。他們寫下報告，宣揚該做些什麼。他們發表演說，宣揚需要做些什麼。他們寫更多研究報告，放棄身為科學家的語言，明明白白訴說警訊。之後若無人聞問，他們又回去盡力做能做的事。很多很多物種在攻擊作物，但是很少科學家研究那些物種，導致我們從一次災難離開後，又迎向另一次災難。有時科學家在千鈞一髮之際挽救大局，有時則束手無策。在此同時，數以百計的作物寄生物種尚未抵達所有能生存的地方。

如今，汽車輪胎的胎壁與飛機的整個輪胎，皆是以巴西橡膠樹（*Hevea brasiliensis*）所流出的乳膠製成。這種樹會在亞馬遜雨林野生生長，但無法在那邊的種植園生長，因為很容易受到害蟲與寄生物傷害。因此，世界上所有橡膠幾乎都來自熱帶亞洲的種植園。在亞洲種植園，巴西橡膠樹可躲避害蟲與寄生物。但害蟲與寄生物追上來是遲早的事，到那時，有人估計全球橡膠製造可能在十年間完全消失。[17]

今天許多作物能茂密生長，乃是拜逃脫之賜。許多人類族群今天能夠繁盛昌旺，也是拜逃脫之賜。這些逃脫的發生背景，是人類歷史上的細節，也是害蟲與寄生物地理的細節。重要的是，這地理正在變化。

除了受到物種透過運輸網絡，在世界各地移動的威脅之外，人類群體與作物的逃脫，也受到這種移動與氣候變遷結合所形成的威脅。在此舉埃及斑蚊（*Aedes aegypti mosquito*）的例子來思考。

導致黃熱病與登革熱的病毒，都是靠埃及斑蚊的細膩身體，把帶有病毒的某人血液傳遞到另一人身上。最早的民族剛抵達美洲時，這兩種病毒與埃及斑蚊都不存在於美洲，且超過一萬年的時間皆如此，因此美洲民族不必擔心黃熱病或登革熱。後來，埃及斑蚊終於抵達，似乎是從奴隸船入侵美洲，之後透過道路、河流與鐵路網所構成的廊道擴散。黃熱病的病毒似乎和埃及斑蚊一樣，是從奴隸船而來，寄生在遭奴役的人身上。後來，登革熱病毒也找到途徑，從亞洲傳入美洲。黃熱病病毒、登革熱病毒與乘載病毒的埃及斑蚊，現在美洲所有具有溫暖日照的緯度及城市都存在。隨著氣候變遷，城市日益擴大與連結程度提高，埃及斑蚊會以不同程度持續擴張。

埃及斑蚊常被稱為「家蚊」或「馴化」的蚊種，因為它最可能在人類周圍大量孳生。城市有蚊子需要的棲地：舊輪胎內、陰溝等地的小水窪。此外，城市通常也比周圍棲地溫暖，而埃及斑蚊是熱帶蚊種，會在溫暖環境大量生長，在寒冷冬季死亡。然而，在某些對埃及斑蚊而言太冷的地方，現在埃及斑蚊也能持續生存，因為都市環境較為溫暖。比方說，有個埃及斑蚊的族群似乎在華盛頓特區建立，在國家廣場（National Mall）附近出沒。冬天國家廣場太冷，但埃及斑蚊可躲到美國首府底下的諸多人造地下建築。大部分物種在氣候變遷時得辛苦面對，但在城市的溫暖處，會讓喜歡炎熱、居住在都會的物種於氣候變遷之前就往北遷移。

埃及斑蚊沿著城市廊道擴散，往北跳出熱帶，宛如野火燎原，且經歷寒冬生存下來——這是致命的問題，美國大片地區及世界其他地區的人都會受到波及。黃熱病病毒和登革熱病毒要延續下去，所需條件和埃及斑蚊略有不同。不過，一旦埃及斑蚊族群建立起來之後，每一種病毒要獲得立足點就容易得多。科學家運用對埃及斑蚊所知的一切生物學知識，預測未來的分布情況，遂指出在未來幾十年，美國東部有許多地方就得應付埃及斑蚊與登革熱大流行的風險。至於會不會也要對付黃熱病，則端視於登革熱病毒與黃熱病病毒互動的複雜性（透過

人體免疫系統）、埃及斑蚊的分布與數量多寡、另一種入侵美國
且與埃及斑蚊相競爭的白線斑蚊（*Aedes albopictus*）分布與多
寡，以及其他黃熱病病毒寄生的哺乳類分布情況。我們確實知
道的是，美國南部有許多地方必須面對和伊蚊屬（*Aedes*）有關
的新問題，其中包括登革熱病毒與黃熱病病毒的複雜結合，此
外，也有會導致屈公病（chikungunya）、茲卡病毒感染症（Zika
fever）與馬亞羅（Mayaro，譯註：以蚊子為媒介的傳染病，是
類似登革熱的急性疾病）的病毒。更重要的事實在於，在連結
世界與改變氣候之際，我們也改變了每個地區可以生存的寄生
物，**並**影響那些寄生物如何在基本生態棲位的地理區移動。

乍看之下，預測寄生物未來的命運，和預測鳥類、哺乳類
或樹木的未來命運很類似。然而要預測寄生物的動態還有另一
項挑戰：比起鳥類、哺乳類或樹木，寄生物通常生命週期較複
雜。此外，我們對於寄生物的了解，往往不若脊椎動物或植物
（部分原因是人類中心主義）。因此，如果你審視一個個寄生
物種，很容易因為細節及未知數之多而暈頭轉向。描述不同寄
生物種分布的數據少得可憐，只有很少數例外。我和同事最近
提到，我們對於鳥類物種的地理知識，即使是很罕見的鳴禽，
也遠超過相當常見的人類寄生物種地理知識。[18]這話不誇張，
即使影響人的寄生物種遠少於鳥類物種也一樣。科學家面對這

種現實時，常做的事就是把焦點放在幾種最糟糕的寄生物。例如我們很了解瘧疾會在何處傳播，對登革熱的潛在傳播能力也有不相上下的了解程度。不過，這又排除多數物種，而當我們想起會移動的不只是在人類身上的寄生物，還有存在於作物與家禽家畜的寄生物，這項任務變得更令人生畏，想要看清一切更像奢望。幸好有個經驗法則很有幫助。

　　氣候科學家越來越善於依照不同情境下的人類行為，預測不同區域的未來氣候。因此，我們可以先找出關心的特定區域，例如紐約或邁阿密。之後，我們可以檢視該區域的未來氣候，並在地圖上找出目前有類似氣候的其他地區。在那些氣候類似的地區所找出的寄生物種可提供合理的估計，讓我們推測未來將於紐約或邁阿密生存的寄生物種，或至少是其中一部分。不妨把這種做法視為是寄生物姊妹市法。

　　寄生物姊妹市法讓我能推估寄生物在不同氣候條件下，最可能在何種城市生存。氣候科學家在思考未來時，像都市化模型研究者一樣，會思考每一種情境下反映出的一系列人類行為，以及氣候會如何回應。氣候科學家並不特別專精於預測人類行為，但是他們已鍛鍊出能力，理解氣候會如何回應不同的行為組合。每種情境會描述一套人類行為與決定、那些行為與決定所造成的溫室氣體排放，及溫室氣體所造成的氣候變遷。這些情況本身不會清楚說明我們該怎麼做；相對地，這些情境是在描述人類可能共同做出的不同行為，會帶來什麼樣的結果。

　　這些情境的差異之處，在於依據人類減少溫室氣體排放的幅度，判定氣候變遷縮小的程度。這些情境對全球人類集體行為的樂觀程度不同，在較樂觀的情況下，是假定我們快速改變做法，減少溫室氣體排放。有些情況已不可能發生了，因為我們已來不及改變，促成這些情況實現。在還可能實現的情況中，最樂觀的稱為RCP2.6。為了實現這種場景，我們得在2020年（本書出版前一年〔編按：指原文版〕），讓造成氣候變遷的溫室氣體排放開始減少。我們必須在2020年減少溫室氣體排放量達7.6%，接下來必須年年以這幅度減少排放，直到2100年，屆時人類排放的溫室氣體會是零，並且停留在零。零排放。RCP2.6的情況恐怕不太可能成真。

　　第二種情況是RCP4.5，雖然不那麼有希望，但依然需要立即展開激烈的改變。在第二種情況，我們到2050年不再**增加**溫室氣體的排放，即使預計地球人口會增加。換言之，每個人排放的溫室氣體實際上必須大減，才能讓集體的排放量維持恆定。要達到這個情況，需要快速轉換到可再生能源、避免攝取肉類，減少全球孩童數量及其他改變。如果你在飲食、旅遊、日常運輸、冷暖空調等生活方式遙遠地和十年前相似，你個人不太可能在這條道路所要求的軌跡上。RCP4.5需要激烈改變，卻還是會讓全球溫度再升高攝氏2度。

　　第三種情境是，我們一如往昔繼續使用化石燃料。這情境稱為RCP8.5，或「一切照舊」情境。在RCP8.5的情況下，到2100年，氣溫將會飆升4度。就我個人經驗，氣候變遷的研究者在日常生活中，都為這種場景做準備。他們在工作時會寫關於RCP2.6的途徑說明，以及如何達成目標。他們在下班的閒暇時間，會竭盡努力，讓社區踏上RCP2.6之路。但是一天下來，他們坐在沙發上，做出的選擇卻反映出他們憂心自己可能走在RCP8.5的路上。他們上網尋找在加拿大或瑞典的房地產，而和房仲談話時會問：「這裡整年都有會流動的水嗎？」他們和另一半對話時，談的是哪些國家有穩定的治理，不會爆發瘧疾疫情。他們靠著內線訊息與可動用的收入，已超前部署，準備逃跑。這會兒又令我想起方舟的故事。諾亞得知大洪水將會淹沒陸地，於是設法告訴所有認識的人，卻沒有人聽進去。

聯合國政府間氣候變化專門委員會（Intergovernmental Panel on Climate Change，簡稱IPCC）於2014年提出諸多相關情境，上述就是其中的三種。這委員會決定提出情境組合，而不是特定預測，是因為這樣會讓我們的選擇更清楚，也因為比起預測人類的集體選擇與行為，預測某程度的排放量會如何影響氣候反而容易得多。（之後委員會又提出新一套情境，對人類行為提出稍微不同的假設。這些情境有新名稱與細節，但產生的預測和上述的情況相當類似。）氣候科學家沒辦法確知我們究竟會選擇保持一切照舊的軌跡（RCP8.5），或激進地重新思考我們的生活方式（RCP4.5）。我們會如何選擇，或多或少與我們的改變幅度，以及氣候改變我們的幅度息息相關。

就是在這些情境下，幾年前，我同事麥特‧費茲派翠克

（Matt Fitzpatrick）開發出工具，讓人察看其所居住的城市在
RCP4.5與RCP8.5的情境下，未來（大約是2080年）會像北美
哪個城市。麥特並未稱之為寄生物姊妹市法，但他不會介意我
這樣稱呼——但願如此。

　　圖4.3依照麥特的研究結果，描繪幾座城市的未來。麥特
把焦點放在RCP4.5與RCP8.5的情境。從特定城市延伸出的每
一條線，會連結到另一座城市，後者目前的氣候，會最類似前
者在2080年的未來氣候。上圖顯示的是RCP4.5的情境，下圖
則是RCP8.5的情境。從地圖上的線條，可以直接看出未來寄
生物的情況。我們可把焦點放在美國佛羅里達州的邁阿密，看
看這座城市在不同背景下的狀況。邁阿密在RCP4.5的情境
下，氣候會變得最像墨西哥的亞熱帶區，也就是會很熱，且有
季節性潮濕。在RCP8.5的情境中，就更像墨西哥的熱帶區，
至少在邁阿密並未沒入水中的部分是如此。

　　未來的邁阿密與墨西哥部分地區吻合——這情況告訴我們
的是，未來邁阿密會位於多數生活在亞熱帶墨西哥（RCP4.5）
或熱帶墨西哥（RCP8.5）的物種基本生態棲位。這會影響邁阿
密的潛在野生動物——想像一下猴子與美洲豹的未來。棲息在
墨西哥（亦即現今猴子與美洲豹棲息處）的物種，需要往邁阿
密前進。它們得一路上尋找自己的生態棲位，即使墨西哥與邁
阿密之間有很大一塊地區炎熱乾燥，是一條並不好走的路。這
些物種需要的，並不是在墨西哥與美國之間所樹立的圍牆。相
反地，我們需要一條森林廊道，從墨西哥延伸到佛羅里達州，

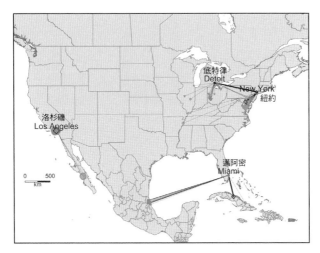

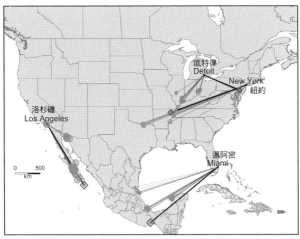

圖4.3：以幾座城市為例，在RCP4.5（上）與RCP8.5（下）的情
境下，最接近其未來氣候的「姊妹市」。不同線條是不同氣候模
型的結果。在線條末端，形狀越小者類似之處越多，形狀越大者
類似處越少。這張地圖的線上版可讓你選擇美國的任何城市，並
為未來畫出圖表。菱形與深色線條則是所有模式的平均值。

甚至延伸更遠。我們需要一艘棲地方舟，對需要棲地的物種來說，這艘方舟大部分並不完美，但只要夠好就行。

同時，寄生物會發現自己並不缺船、飛機、公路與其他運輸。墨西哥的寄生物很多。墨西哥熱帶的氣候適合瘧原蟲，及瘧原蟲所附著的蚊子；適合登革熱與黃熱病的病毒，及讓這些病毒附著的蚊子；適合導致查加斯氏病（Chagas disease）的寄生物，以及讓這些寄生物附著的蟲子。此外，墨西哥熱帶有很多家禽家畜與作物的寄生物，但這些寄生物尚未在佛州大量孳生。這些寄生物種的一部分或寄生物所需要的物種，無論是哺乳類宿主或是昆蟲病媒，都已趁人不慎，入侵佛州。那些寄生物在佛州最溫暖的地方等待，只要環境再溫暖一點點就行。作物的寄生物也可這樣比對。如果前往麥特的網站，美國每一座城市都能做出比對。[19]麥特的焦點，是將美國不同地區的未來氣候和北美其他地方比較，而這些未來的情況在世界其他地方找得到。在非洲與亞洲的寄生蟲，未來會把邁阿密變成其基本生態棲位的一部分。對這些寄生物來說，抵達的挑戰比較大，但從歷史教訓來看，這挑戰並非不可超越。

逃脫的問題在於，人們在逃脫時，並不會重視逃脫。地球上大多數人所居住的地方，無論是人類本身或作物，皆未逃脫大部分的熱帶寄生物。但如果你住在邁阿密，你已逃脫許多最可怕的人類之敵。然而，寄生物所帶來的影響似乎遙遠抽象。要說服他人別在氣候變遷時會沒入水中的基地蓋房子，可不是一件容易的事。更難的是說服他們為寄生物入侵做好規畫，但那些寄生蟲目前尚未出現在眼前，且他們這輩子可能會碰到，也可能不會碰到。至於說服他們必須在寄生物大遷移之前未雨綢繆，更幾乎是不可能的任務，因為未雨綢繆在執行時既無趣又細節繁瑣。然而，我們還是可搶先一步。以下說明幾個簡單步驟。

我們可採行的第一步，就是拖延。任何能抵擋寄生物浪潮襲來的事，皆可嘉惠眾人。抵擋寄生物到來雖不容易，但仍比寄生物抵達後才設法控制要簡單得多。我們需要監控帶有最糟寄生物的昆蟲媒介，也要召集民眾監控這些媒介。我們也需要建立穩健的公衛監測系統，監測這些寄生物本身。某些地方已建立起區域系統，但無論哪個地方，這些系統依然不足夠。舉例來說，在美國大部分地區，當新蚊種出現之後，通常還要等上十年才會被偵測到，屆時會注意到這種新蚊子，是因為它已很普遍，而到那時也已太遲。

同時，我們也需要讓公衛系統做好準備，面對新的寄生物。蓋文、哈里斯、戴維斯與我建立全球寄生物導致的多種疾病模型時，得到兩項關鍵結論。第一項結論在前文提過：寄生物在溫暖潮濕的環境下最多樣。氣候也很能預測疾病的多樣性。由於人類砸下不少經費在控制疾病，或許有人期盼我們可改變氣候與疾病之間的古老連結。但實際上我們尚未做到，這實在讓人抬不起頭。當天氣變得炎熱潮濕，就會有更多寄生物造成的疾病發生。但還有第二項結論。人類最嚴重的疾病盛行率——亦即受到感染的人口比例——不能光以氣候解釋。以結合氣候與公衛支出的模型來解釋疾病盛行率，反而比較正確。換言之，公衛支出通常無法滅絕寄生物種，但可以讓寄生物種比缺乏公衛支出時更稀少。類似的情況也發生在農業寄生物與害蟲。未來將越來越熱帶化的國家與地方，應及早投資基礎建設，以控制寄生物大軍逼近。

另一個選項，當然就是再度嘗試逃脫。我們可以像有些人主張那樣，殖民月球或火星。身為生態學家，我認為，要避免破壞地球上已在我們周圍運作的生態系統都已顯吃力之際，不太可能在其他行星打造出能永續管理的新生態系統。但為了提出論點，就姑且想像我們可在月球或火星拓殖。想像一下，伊隆・馬斯克（Elon Musk）在那裡有間度假屋，有漂亮（但是密封）的門廊。想像一下，有間溫室充滿秀色可餐的植物。想像一下，我們把熱愛的地球之物以較簡單的形式複製到其他星球。想像一下，沒有任何寄生物的聚落存在。在這樣的情境下，我們可以再度逃脫，或者幾個極為富有的人可以再度逃脫。但如果過往歷史告訴我們什麼，那就是這樣的逃脫也是暫時性的。比方說，研究人員近來發現，在國際太空站由太空人養護的花園裡，也出現植物寄生物。植物寄生物已上了太空。[20]

第五章

人類的生態棲位

　　由於氣候變遷，地球上絕大多數的物種得跟著遷移，才能在可昌盛繁衍的環境中找到家。需要遷移才能生存的物種包括稀有鳥類、蝸牛與寄生動物等等。前文已談過許多相關資訊，但沒提到的是，人類也屬於這些得遷移的物種。從某方面來看，人類經過逃脫與探索，在各式各樣的氣候與環境條件居住，過著日益豐盛的生活，著實令人驚訝。我們的生態棲位似乎很廣。在農業發明之前，人類已可在苔原、沼澤、沙漠和雨林定居。現代人種靠著創新之舉，能比古代人種在更多生物圈與環境條件下生存。若把鏡頭對著個人與社會，並把鏡頭拉近，會發現焦點就是創新。人類的創新之舉包括懂得用火與穿衣來保暖、以灌溉系統讓水流動，有能力讓房子冬暖夏涼。這些創新之舉也包括在某些環境條件下，以獨特方式適應生活。世界各地的牧民會在極端環境下，帶著動物隨季節逐水草而居。在極北生活的人，對身邊動植物擁有非凡的知識，加上懂得季節性遷移、儲存食物與新穎的建築技巧，因而生存下來。現代科學已構想出如何拓殖空間，即使是暫時性的。如今在我們上方的太空人大可以吃早餐、睡眠或閱讀。

　　但如果鏡頭拉遠，把人類視為整體來觀察，思考的不再是人類可以住在哪裡，而是思考**龐大**、密集的人類族群向來在何處持續生活，則情況就不同了。

　　一旦把鏡頭拉遠，人類創新之舉的重要性悉數消失，人體的生理限制反而更趨明顯。舉例來說，中國南京大學的徐馳，與丹麥奧胡斯大學（Aarhus University）、英國艾克斯特大學

（University of Exeter）及荷蘭瓦赫寧恩大學（Wageningen University）的學者合作，近年依據世界各地人類族群密度的數據，衡量古代與現代的人類生態棲位。如果想衡量哪些條件對人類生存有利，從人口密度著眼是合理的起點。[1]

徐馳與同事繪製在不同氣候下，地球上陸地的相對比例。這麼一來，就透露世界各地的溫度與降雨量組合差異很大，有的地方非常寒冷乾燥，有的地方非常潮濕溫暖。然而，這也透露出某些氣候比其他氣候更常見，且或許超乎我們想像。地球陸地有很大一部分若非和最遙遠的苔原一樣寒冷乾燥，就是和撒哈拉一樣炎熱乾燥。之後，徐馳和同事檢視能持續讓高密度人口生存的環境子集。他們採用的，是生態學家用來思考非人類的動物物種生態棲位時所使用的方法（在這項計畫中，徐馳有幾位合作者就是生態學家）。他們在研究人類時，就像研究其他動物，無論是蜜蜂、河狸或蝙蝠。

徐馳和合作者依據近年在線上資料庫彙整的各種考古學數據，先研究起相對古早的人類生態棲位，即六千年前的情況。六千年前，世上狩獵採集者的人口比例遠比今天高出許多。在檢視古人的情況後，徐馳和同事發現，相對高密度的人類族群會出現的氣候環境相當多元廣泛，但這些環境條件下，未必都有高密度人類族群。圖5.1位於上排中間的圖即可看出這情況，最明亮的白色是顯示在六千年前，人口密度達到最高的氣候環境。你會很快注意到，在古早以前，很寒冷的地區與炎熱潮濕的環境下，人口密度通常很低，而地球上部分最熱、最乾燥的地方，人類密集度相對較高。人口密度最高的環境，是和氣溫宜人與相對乾燥有關的環境。如果從人口密度來看，對古人而言，「理想」的年均溫似乎是大約攝氏13度（華氏55.4度），大約和美國舊金山或義大利佛羅倫斯的年均溫差不多。理想的年降雨量約1000公釐，比舊金山潮濕，但和佛羅倫斯類似。在古代，早在空調或中央暖氣系統發明之前，這種宜人氣候讓大批人群能蓬勃發展。

從古代轉換到現代時，不妨思考一下：人類發揮卓越的創新能力，運用科技，可能拓展了多少生態棲位。答案或許令人吃驚，因為大部分時候是完全沒有拓展。在接下來的時光中，我們在地球所居住的地區並未在各個氣候區更平均分布，反而變得更集中。雖然我們有這麼多創新，懂得使用蒸氣與燃煤產生動力，也會使用核能、空調與中央暖氣，還興建海水淡化廠，打造其他光鮮亮麗的現代化設備，人類的生態棲位偏偏就是縮小了。

六千年前，在非常乾冷的環境下生活的，通常是狩獵採集者。他們在遙遠的北方，靠著魚類、鳥禽與哺乳類來度日。這些狩獵採集者文化上有創新之舉，遂能蓬勃發展，不再擔心食物有季節性（他們會把食物發酵，以利保存）、天氣極度寒冷（他們懂得隔熱，學會如何承受其他物種無法忍耐的寒冷），以及幅員極為遼闊（有些地方會仰賴雪橇犬）。同樣地，六千年前，乾熱地區的牧民也找到適當的生活方式。他們靠著自己放牧的動物來生活（會大啖其肉、飲其奶水，運用其獸皮與肉），

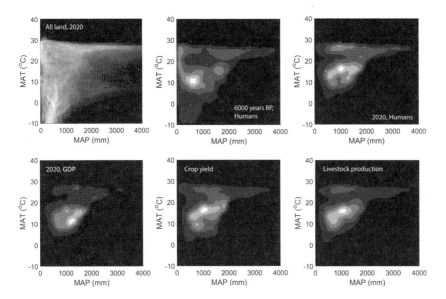

圖5.1：不同氣候下的土地面積（左上）；距今六千年前不同氣候區的人數（中上）；今天不同氣候區的人數（右上）；作為氣候函數的國內生產毛額（左下）、作物產量（中下）與牲口產量（右下）作為氣候函數。在左上圖中，較明亮的白色對應的是涵蓋陸地比例較高的氣候條件。在中上圖與右上圖中，色調深淺反映出人口密度。最亮的白色表示人口密度非常高，最高達到最大量的90%。次亮的白色則代表最大量的80%，以此類推。而在下排的圖中，最亮的白色指GDP、作物產量與牲口產量為最大值的90%的氣候。MAP代表年平均雨量；MAT代表年均溫。圖表為徐馳和Lauren Nichols為本書繪製。

隨著季節逐水草而居，也會因應環境，打造出適當的衣著與房屋，以承受炎熱的氣候。他們也習慣他人或許無法忍受的環境。

今天，這些民族居住的極端環境多已相對無人居住，或人口密度很低，在全球人口中不具有代表性。舉例而言，比起六千年前，今天居住在撒哈拉沙漠最炎熱地區的人更少了，[2]在全球人口中的佔比也降低。部分凍原地區也有類似情況，居民比六千年前密度更低。徐馳與同事在研究中指出，和大眾感受不同的是，我們的現代創新所擴大的人類生態棲位，並未超越六千年前傳統民族已提出的創新所帶來的可能。這會出現問題，因為地球氣候日後會越來越極端，幾乎每個地方都會更炎熱，有些地區更乾燥，有些地區更潮溼。有鑒於環境更極端的未來在等著我們，因此了解為何極端氣候對人類族群造成挑戰，似乎成了首要之務。

為何更極端的氣候會對人類造成負面衝擊，即使我們大部分的時間都待在建築物內的溫控環境？這是很重要的問題，但生態學家或甚至人類學家卻不太注意。有趣的是，對這個問題研究得最深入的，是經濟學家。幾年前，氣候變遷經濟學家項中君（Solomon Hsiang）與良師益友一起合作，這一小群人開始探索氣候如何影響人類社會的兩大層面。首先從專業領域來看，不出意料地，他們研究起各國國內生產毛額（GDP）。第二個層面則是暴力。我會先探討暴力，因為氣候與暴力之間的連結，比氣候和國內生產毛額的連結更直接。

項中君就讀研究所時，氣候對經濟的影響在其研究領域中仍不算特別急迫。究其原因，或多或少是出自歷史。在1950與60年代，人類學領域反抗起「環境決定論」（environmental determinism）的想法，不久其他人文學領域也紛紛跟進，包括經濟學。環境決定論秉持的觀念是，人類社會就像螞蟻社會，會受到環境的影響。人文學者某種程度上有充分的理由，反對各種會強化種族與殖民意識形態的決定論。但是項中君認為，無論如何，人類依然會對生物與物理的世界有所回應。他說自己年紀不夠大，不完全了解這段歷史。他只是對氣候、經濟學與人類有興趣，因此在哥倫比亞大學就讀研究所時，展開了這些研究。

項中君在就讀博士班期間寫了許多研究報告，探討氣旋對經濟的影響。在取得博士學位後，他到普林斯頓大學擔任博士後研究人員，針對氣候變遷與社會展開更廣泛的研究，並於一篇完整論文中集大成，這篇論文發表在《科學》（*Science*）期刊上。[3]這份研究報告是和當時任職於加州大學柏克萊分校的經濟學家馬歇爾・柏克（Marshall Burke）與愛德華・米格爾（Edward Miguel）一同撰寫。他們表示團隊運用統計學，「首度完整整合」關於氣候與人類社會的議題。團隊把統計學當成放大鏡，透過它來盯著人類看。過去的研究曾經考量過氣溫變化與個別社會的關聯，但缺乏全盤分析。項中君、柏克與米格爾設法把這些研究整合起來，盼能看出整體樣貌。

項中君與同仁的研究和徐馳團隊的研究途徑是彼此獨立，卻能發揮互補功效。徐馳專注的是在特定的時間片段，人口密度和整體空間的氣候關聯，而項中君專注在跨越不同時間的特定空間裡，人類社會與氣候的關係。

項中君、柏克與米格爾發現，人類社會在面對氣候急速變遷時幾乎都會吃苦頭，尤其和大量人口所處的環境條件有關時更是如此。如果因為氣候變遷，導致比人類生態棲位的環境限制更極端的情況出現，則人類社會吃的苦頭最明顯。這些苦難有個共同的元素，在所有時間與環境都見得到：暴力。

整體而言，和人類生態棲位有關的氣候變遷，尤其是氣溫提高（也有比較罕見的例子是氣溫降低），通常皆會導致暴力增加。氣候改變時，人比較容易對自己施暴，自殺與企圖自殺在氣溫變暖時會增加，人也會更容易對他人施暴，在美國，家庭暴力與強暴都在氣溫升高時增加。個人對群體施暴的情況，也會隨著氣溫而增加，包括棒球投手對其他隊伍的成員報復（會隨著氣溫增加），以及個別警員對大眾施暴（會隨著氣溫增加）。[4]而某群體對其他群體施暴也是如此。項中君與同事還從研究中發現，在印度，群體間的暴動會隨著氣溫提高而增加，東非的政治與群體間暴力、巴西的群體間暴力都是如此，類似例子不勝枚舉。而最重要的是，層級更高，與戰爭、社會崩潰有關的暴力也會隨著氣溫而增加，無論是古代馬雅帝國文化、古代吳哥帝國、中國朝代，或是現代的城市、地區與國家都是如此。

項中君、柏克與米格爾看到，隨著氣溫及降雨量變化而出現的暴力，是源自相對於人類生態棲位的環境變動。和理想的人類生態棲位條件越不相似，人類似乎就越難受，也會變得更暴力。請想像一下一張世界地圖，上頭會顯示人類生態棲位的邊緣，正如徐馳所做過的測量。現在，把氣候變遷疊加到這張地圖上。項中君、柏克與米格爾的研究指出，暴力可能最普遍的地方，是在目前氣候環境處於邊緣，且持續惡化的地理區域。我了解這一點之後受到驅使，遂聯絡徐馳，請他製作一份這樣的全球地圖，於是他做了。在他的地圖上，可清楚看到全球暴力的熱點（至少是不同群體之間的暴力）在兩組氣候條件下，呈現出相當不符合比例的狀況：一種是在極端炎熱的氣候（且通常越來越熱），第二種區域是炎熱且相對較乾，這些區域在時機良好的年份會有足夠的降雨供農業使用，但是年頭不好時，降雨就不足。屬於第一種環境條件的區域包括部分巴基斯坦，屬於第二種環境條件者則包括緬甸北部、印度與巴基斯坦之間的邊界，以及部分的莫三比克、索馬利亞、衣索比亞、蘇丹、尼日、奈及利亞、馬利與布吉納法索，這些地方全都經歷過暴力浪潮。

當環境條件出現相對於人類理想生態棲位的變化時（尤其是溫度升高時），接下來發生的情況，可能促成項中君、柏克與米格爾在研究中發現的暴力，這情況今天在全世界都觀察得到。有人假設，隨著溫度提高，人類大腦對於身體反應可能會產生不成比例的感覺，而這和決策功能不全，尤其與控制衝動的能力受損有關。溫度上升可能影響決策，即使平均溫度不是特別高，但只要一天的最高溫很高就會出現這情況。有研究者指出，熱對身體造成的壓力，可能讓心智的運作比沒有時更不理性。大腦中的古老區塊開始掌控所有的化學物質及其產生的影響，這些腦區是恐懼、憤怒與衝動的腦區，又稱為蜥蜴腦（譯註：指人類大腦中最原始的部分，另外尚有哺乳類腦區，與新皮質腦區，各區掌管的是越來越複雜的功能；此為1960年代，美國醫師與神經科學家保羅・麥克萊恩提出的「三重腦」假說）。即使在相對涼爽的區域，天氣熱的時候也可能發生這種情況。至於在炎熱的地區，這種情況可能許多日子都會發生。

　　心理學家曾在一項實驗中，把車開到紅綠燈前，綠燈亮起時，他們不前進，就停在那邊等。他們想看看在不同情況下，後方駕駛要多久才會氣到按喇叭。他們發現，天氣越熱，就越多人會按喇叭。這關係是線性的，若駕駛打開車窗，完整感受到外頭溫度的威力時會更明顯。溫度越高，人們就越可能按喇叭，且按得更久。這項研究的作者說：「溫度超過華氏100度時（編按：約攝氏38度），34%按下喇叭的受試者，會在整個綠燈期間按超過一半的時間。相較之下，若溫度在華氏90度以下（編按：約攝氏32度），則沒有人這麼做。」神奇的是，這項實驗是在美國進行的，但沒有人拿槍轟掉這些心理學家。[5]

　　在另一項實驗中，一群參與者被留在房間裡，之後這房間被加熱到令人不適的溫度，隨著氣溫上升，參與者彼此爭吵的情況比在較涼爽的溫度下更頻繁。這實驗每一回重複，結果都類似。溫度越暖，就越容易發生爭吵與攻擊。在其中一次案例，有個參與者甚至想拿刀捅向另一名參與者。其他研究也發現，至少在某些情況下，氣溫提高，認知控制（亦即有意識做決定的能力）也下降。[6]

如果探看所謂的暴力侵佔，亦即惡意毀損財產時，也會看到同樣的模式出現。斯德哥爾摩大學的英格維爾德‧艾摩斯（Ingvild Almås）曾率領龐大的團隊進行實驗，成員包括項中君與米格爾。研究者讓來自美國加州柏克萊及肯亞奈洛比的參與者完成偏好測驗，也參加線上角色扮演遊戲，這遊戲是用來研究人類行為的。在角色扮演遊戲中，個人有機會選擇公平（或不公平）、合作（或不合作）與信賴（或不信賴）。此外，在其中一項遊戲版本（稱為「毀滅之樂」）中，玩家可選擇摧毀其他玩家的戰果。這樣做對毀滅他人的玩家沒有任何好處，但是會讓失去戰利品的玩家處於不利。這種行為恰恰就是惡意的定義。艾摩斯與合作者進行144回合的實驗，每一回合有十二個參與者。每一回實驗中，有半數玩家是在相對舒適的氣溫玩（攝氏22度，華氏71.6度）。然而在另一半玩家參與時，艾摩斯和工作者把遊戲間的室溫調高到攝氏30度（華氏86度），這樣的微氣候固然不舒服，但不至於危險。他們想知道，關於公平、合作與信賴的傾向，在溫度較高時會不會下降，以及惡意行為是否會更常見。

艾摩斯與合作者發現，在溫度較高時，多數玩家的經濟決策和在溫度較低時類似。溫度本身並不會影響個人公平、信賴或合作的趨勢，也不會影響簡單的認知數值。然而在奈洛比（不是柏克萊），若溫度升高，則玩家惡意破壞他人財產的渴望會高出50%。換言之，氣溫有時似乎會增加破壞他人財產的暴力行為，至少是惡意的虛擬暴力。

　　艾摩斯和同仁的發現不僅如此。他們在奈洛比執行實驗時，正逢選舉結束，選舉結果對主流族群基庫尤人（Kikuyu），而盧歐人（Luo）族群遭到邊緣化。這樣的邊緣化影響到電動測試的結果。被邊緣化的族群成員更可能在電玩中破壞他人的物品。如果不考量個別的盧歐人，則氣溫對摧毀虛擬物品的傾向就不再有影響。簡言之，溫度升高，會透過對心理狀態與心理不適的綜合影響，使暴力侵佔財產的情況增加，但只會在兩族群之間有權力差異與持續敵意的脈絡下如此。[7]

　　氣溫升高除了會對心理產生影響之外，另一種對於氣溫升高會造成暴力增加的解釋，顯得更不尋常。這解釋和氣溫如何影響物流有關。今天的世界有時看似有未來感，但多數粗活仍得靠人的身體執行。人的身體會撿拾水果、裝載卡車、殺豬宰雞，因此全球經濟依然仰賴人類的身體。全球農業生產有五成是仰賴小地主工作，他們大部分是在戶外以人工完成。整體而言，那些人類身體及數不清的胳臂與腿部，會直接受到氣溫影響。經濟學家在衡量這影響時，是研究人們每分鐘的勞力供給，將之視為氣溫的函數。當氣溫超越人能最輕鬆工作的溫度時，每分鐘供給的平均勞力量就會下滑。一旦勞力供給下滑，就會在社會上發生骨牌效應。世界經濟與地方社會的運作都仰賴人類的身體與心智；會依賴個人決定是否抹去眉上的汗珠，繼續工作，而不是抗爭。有時候，就會像項中君與同僚在研究中所寫：「相對於參與一般經濟活動的價值」，「投入衝突的價值」上升。

在宜人的氣溫中，有幾十億我們往往沒看見的身體四肢，帶領我們度過每一日。但隨著氣溫變暖，那些手腳放慢了速度，而在超過某個最大值之後，手腳就不再活動。氣溫對耗費體能的工作影響通常在較貧窮的國家會比較大，因為那些國家的室內工作比較少，即使是室內工作，恐怕較可能沒有空調設備加持。可以想見，氣溫提高會讓這些工作變得更辛苦，而超過某個臨界溫度，工作就完全停擺。

氣溫可能影響社會的另一種方式，是透過常稱為「維護秩序」（policing）的方法。「維護秩序」不只是像我們以為的那樣，由真正穿制服的警察扛起職責。它和在室外執行社會規範的人的能力有關。天氣太炎熱，警察就不會去開交通罰單。因此，那些認為這影響正合己意的人就會更常開快車。天氣太熱，食物安全檢查員也比較不會出門。在此同時，雖然在氣溫上升，秩序維護下降，但社會問題卻日益增加，因為政府經費在稅基減少時乾枯。當秩序維護下降時，原本受到控制的事情都在沸騰。

氣溫升高或其他氣候改變，最後還會以一種方式，持續對人類生態樓位界線造成壓力：不直接影響人類，而是影響我們所依賴的物種。第八章會談到，人類仰賴數以千計的物種，但是對其中相對少數的幾種作物與馴養動物，依賴程度是高得不成比例。徐馳與同仁在研究中顯示，人類生態樓位的邊界或多或少反映出我們的作物與牲口興旺的地方，如果環境太冷、太熱，或太熱又潮濕，就無法五穀豐收、六畜興旺。

　　回到圖5.1。從圖中可以看出，當代人類生態棲位與當代作物和牲口生態棲位的相符程度很高，在高溫時尤其如此。在年均溫攝氏20度（華氏68度），人類多數主要糧食作物的產量就會降低，人口密度也是。徐馳和同事描繪的其實就是這件事，也就是現代人類族群模式並不是人類生態棲位，而是農業族群的生態棲位。由於現代世界的高密度人口只能在農業的背景下成真，因此今天高密度生活的生態棲位，和農業生態棲位基本上是同義詞。六千年前並不是如此，部分原因在於，即使狩獵採集與牧民是低密度居住，但在全球的佔比則較高。

　　研究顯示，在高溫與降雨量少同時發生時，氣候變遷對作物與牲口的影響最為劇烈（雖然光是過度降雨就足以帶來這種影響）。一旦作物歉收，就會發生糧食短缺，以及各種不穩定與暴力。在某些情況下，不穩定與暴力會集中在國家最受氣候變遷劇烈影響的地區。在其他背景下，在人類生態棲位邊緣，氣候引發的歉收會影響到諸多國家及更廣的區域。2010年，熱浪席捲俄羅斯，影響俄羅斯農業，導致全球糧食價格攀升。糧食價格提高可能導致大幅遷移。當人們是遷往主要仰賴農業經濟的城市，影響可能有兩個層面。飢餓的鄉間居民與飢餓的都會居民在城市相遇，接下來的連環事件相當間接，卻很重要。氣溫升高影響作物，繼而影響農民生計，於是觸發了往都市的遷移，導致社會不穩定。社會不穩定就會讓政府垮台。

如果徐馳和同事對於現代生態棲位的氣候環境定義正確（尤其是仰賴農業的現代人類生態棲位），加上項中君、柏克與米格爾對離開該生態棲位的影響也看法正確的話，那麼或可預測，逐年的氣溫變化應可從經濟學家愛用的世界各地經濟體年度數據中看出。例如氣溫升高對各國國內生產毛額（GDP）的影響看出來（國內生產毛額是衡量一年內貨物與勞務的數值）。如果徐馳與項中君的看法無誤，則氣溫（或其他環境）越接近人類生態棲位的最佳值時，應可預期國內生產毛額會提高。當氣溫從最佳值增加（或減少）時，國內生產毛額也會衰退，理由和暴力增加的原因相同。國內生產毛額如此下滑時可能是個早期警訊，預示著尚未到來的更重大危機。

　　這現象一直乏人確認，直到近年才改變。項中君、柏克與米格爾又把團隊找回來，一起搜集所需數據。之後，他們思考各國的每年氣溫變化如何影響國內生產毛額。他們的結果完全和徐馳的相符。和徐馳一樣，項中君、柏克與米格爾已指出，對經濟輸出來說，攝氏13度是最理想的年均溫。他們也發現，當氣溫低於人類生態棲位的最佳值時，如果溫度升高，國內生產毛額也會一起提高。不妨想想丹麥、蘇格蘭或加拿大的情況，在氣溫高於平均值的年份，在戶外從事工作的時間可能會增加，同時農業產量也能增加。

　　相對地，在年均溫等於或高於經濟輸出最佳值的國家，氣溫升高的同時，國內生產毛額則會降低。美國、印度或中國的氣溫升高時，國內生產毛額皆會下滑。這是因為作物歉收、環境太熱而不利於戶外工作、大腦混亂，而暴力也會直接或間接發生。

　　從這些結果中，會浮現一個明顯的問題：人類是否只是需要時間，透過新行為、文化實踐或科技來適應？或許國內生產毛額隨著氣溫升高而衰退，只是新環境所帶來的震盪，若國家能趁機調整工時或運用新科技，生產力就會恢復。項中君、柏克與米格爾有兩種方式來考量。首先，他們比較1960到1989年間，及1990到2010年間，各國對於國內生產毛額的反應。他們的直覺是，由於全球溫度在1960年之後升高（其實早在之前就升高了），在第一個二十九年間的暖化，可能讓各國適應越來越暖的新環境，因此暖化（高於經濟輸出的最佳氣溫）在接下來二十年，造成的負面影響會逐漸淡化。但他們找不到適應的證據。無論是1960到1989年間，或是1990到2010年間，各國氣溫升高到超出人類最佳值都是問題。這並不表示人類學不會適應。然而這確實表示，即使給人類二十年的時間，他們還是學不會。[8]

　　要看待適應問題的另一個方法，就是從各國的相對富裕程度思考。一直有人假設，富國或許能透過財富，緩衝氣候的影響。別的不說，富有國家有較多工作是在室內完成，因此氣溫對身體的直接影響或許較小。較富有的國家或許也能運用科技，緩衝極端炎熱造成的乾旱效應，以及運用海水淡化廠因應降雨量減少。不過，項中君、柏克與米格爾在較富有的國家與國內生產毛額下滑幅度較小之間，找不到相關性。富裕國家和較貧窮的國家一樣，都是受災戶。因此整體局面相當單純。如果氣溫升高到超過最佳人類生態棲位，就會導致暴力增加、國內生產毛額降低，而如果回到徐馳的研究，就會發現能支持大量人口的可能性會降低。

　　了解和現代高密度人類族群有關聯的生態棲位，會讓我們思考這樣的生態棲位在未來會如何轉變；人類需有哪些作為，才能在所需的環境找到能生生不息的家，尤其這環境要能容許高密度人口。換言之，生態學家可像研究鳥類或植物那樣，追蹤人類必須如何移動。徐馳和同事在研究時發現，適合人類欣欣向榮的地方，在未來會縮小，在北半球會往北移，在南半球會略有個別性。在北美的人會想移往加拿大，歐亞則移往北歐與北俄羅斯。同時，到2080年，若在大量減少排放的RCP4.5情境下，撒哈拉沙漠以南非洲的北部、整個亞馬遜盆地及大約半個熱帶亞洲，會離最佳人類生態棲位更遠。若是在一切照舊的RCP8.5情境下，上述地方皆會在人類生態棲位之外。不幸的是，在未來幾十年，上述區域正是預期中人口成長的最快的地區。因此，到了2080年，預期將有許多人住在生態棲位以外。第四章介紹過的RCP4.5，現已可算是在嘗試控制溫室氣體排放時的最佳情境，而在此情境下，再過六十年，將有1.5億人處於人類生態棲位以外。若在一切照舊的RCP8.5情境下，再過六十年，則有35億人處於人類生態棲位以外。

保育生物學家費盡心思，盼能在氣候變遷之際，協助需要移動的物種找到新家。建立廊道與盡力保存棲地或許不是完美解方，但無論如何仍是協助成千上萬甚至數十萬種物種的可行之道。

我們得設法協助數億甚至數十億人找到新家。我們需要提出目標遠大的全球計畫，不僅能反映出有大量人口需要移動，也需體認到地理上的另一個面向。截至今日，絕大多數導致氣候變遷的溫室氣體皆出自美國與歐洲的人口與工業，但溫室氣體對氣候變遷及人類所造成的影響，卻不成比例地由目前接近農業生態棲位區域極端的人口來承受，這些人基本上並未在製造溫室氣體排放上扮演任何角色。協助數百萬家庭找到新居所，建立起生生不息的廊道，對製造出這些問題的人來說應責無旁貸。

同時，與仰賴農業的人類族群生態棲位相距最遠的區域，依然可能存在著另一分希望。若重探圖5.1，會看出雖然人類生態棲位很窄，侷限於六千年前最重度使用的氣溫與降雨量相同範圍內，但在現代人類生態棲位中，還包含著另一種相當炎熱潮濕的氣候空間。徐馳和同事注意到，這空間大致上呼應著印度的熱帶季風帶。徐馳與同事並不打算解釋這種人類生態棲位的特殊延伸。但有一種可能是,印度人已在文化上發現方法,應對身體感受的炎熱,也找到農業上如何應付炎熱對糧食的影響。徐馳與同事在研究中發現,印度的氣候生態棲位不僅比過去更加炎熱潮濕,印度作物與牲口的氣候生態棲位也是如此。這裡就蘊藏著希望。這個例子中所蘊含的意義是,我們很快會需要辨識出一些地方,那些地方的居民有辦法在古代人類生態棲位以外之處生存,而我們要從中汲取成功經驗,加以調整。越能拓寬人類生態棲位,未來產生的痛苦就越少。

但必須記住的是,印度或許能提供些許答案給未來氣候類似今日印度的地區參考,但印度本身的氣溫也可能產生人類未曾經歷過的環境。不光是印度如此。到2080年,世界上有許多人口的居住環境會比印度最熱的地方還熱,尤其是在一切照舊的情境。即使在最樂觀的情境也是如此。[9]

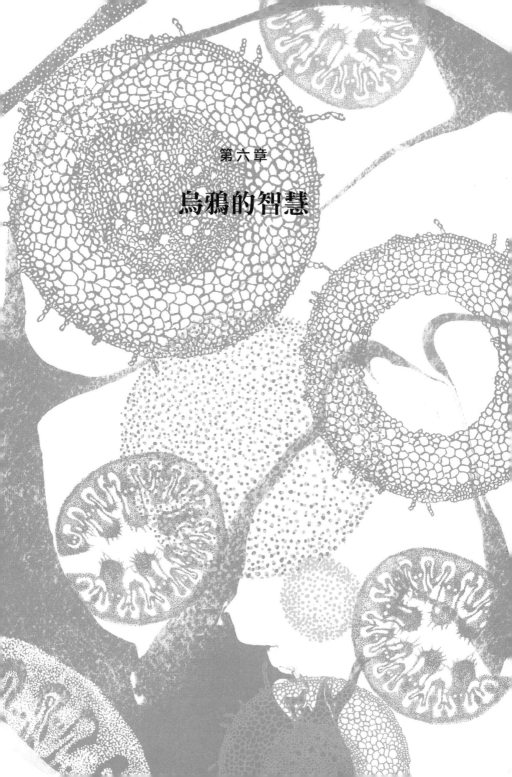

第六章

烏鴉的智慧

　　未來幾年將出現的平均氣溫變化，影響足以重創人類、文化、國家及數百萬種野生物種。世界得承受我們的行為與無所作為所造成的致命炎熱。不幸的是，**平均**氣溫並不會單獨發生那麼一次，某一年的溫度升高，也會伴隨下一年的降雨與氣溫變異（variability）。[1]「變異」聽起來意義模糊，彷彿不會造成任何傷害。實際上可不是這麼回事。氣候變異是自然最重大的危險之一，是嚴重的威脅。我們應該對變異戒慎恐懼，防患未然。

　　許多不屬於人類的野生動物物種能沿著廊道或空中遷移，前往更適合（亦即可當家）的地方，回應一般環境變化。科學家已記錄過些許案例，見證物種快速發生演化，以回應近期的整體環境變化。舉例來說，研究人員已發現，生活在克里夫蘭（Cleveland）炎熱地帶的螞蟻，演化出比鄉下螞蟻更高的高溫耐受度。[2]天擇會不利於無法應付高溫的螞蟻支系。天擇能幫助物種面對新環境，就像數十億年來藉由一個個生命的誕生或消亡，來完成這過程。

　　不過，對物種來說最有幫助的情況，是能從某年的新環境預測到來年要面對的環境條件，於是其生物單純屬性就快速地發生適應性變化（例如耐熱能力）。舉例來說，若未來環境是溫暖、更暖、越來越暖，則適應性變化能運作得很好。但如果未來環境有變異性，時而變暖，時而變得很冷，之後又比以前暖，以此類推，則物種的適應性變化未必能運作得很好。但在許多區域，卻已出現後者這種模式，在長期暖化的趨勢中，穿插著不尋常的極端現象。德州有部分地區歷經「史無前例」的炎熱、乾燥與野火，之後又是創紀錄的寒冷。澳洲也發生過破紀錄的乾旱，之後又降下大雨，導致城市遭逢水患。未來這樣的變異程度會更常見、更極端。

對於可能得適應環境條件變異的物種來說，某年可能面臨一種極端狀況，隔年則被推向極端狀況的另一端。舉例而言，加拉巴哥群島中的大達夫尼島（Daphne Major）在1982年遇到聖嬰現象（El Niño），降雨時間拉長，導致部分達爾文雀所仰賴的，有大型種子的某種植物變得稀缺。在那一年，鳥喙較小的中地雀（*Geospiza fortis*）會比鳥喙較大的中地雀個體更容易存活興旺。[3]隔年，也就是1983年，鳥喙較小的中地雀更多了。這種雀鳥演化了。由於種子大的植物物種越漸稀少，於是鳥喙小的達爾文雀繼續蓬勃生長。但是在1984年，聖嬰現象結束，大種子的植物物種數量回升，情況又大相徑庭。在新環境下，雀鳥的鳥喙根本成了錯誤裝備。大鳥喙的中地雀會處於較有利的地位。天擇可以像這樣，長時間來回推擠拉扯物種，但到後來，來回拉扯的程度太過頭了。最後，一個「不同」的壞年頭降臨，它沒有促成演化，而是導致滅絕。

環境變異時可能會發生哪幾種適應，而什麼樣的物種可能會適應？哪些物種的生態棲位就包含著變異性？重要的是，我們可以學習變成那樣的物種嗎？以動物而言，有一項法則可回答這些問題：認知緩衝法則（cognitive buffering）。這項法則的基本概念是，有靈活大腦的動物能以創新方式，運用智慧，即使在食物稀缺的情況下也能找到食物，且懂得在寒冷時保暖，炎熱時尋找遮蔽。這些物種會運用靈活的大腦，緩衝不良的環境。表面上，這似乎對人類來說是個好預兆。相對於身體，我們的大腦大又靈活，即使疲憊時依然能盡忠職守。不僅如此，據信靈活的大腦乃經過演化，或多或少有助於應付變異的氣候。但我們靈活的大腦能不能在未來幫上忙，端視於如何運用；我們和我們的直覺究竟比較像烏鴉，或暗色海濱沙鵐（dusky seaside sparrow）？

要解釋烏鴉與暗色海濱沙鵐，得先介紹鳥類在面對日常挑戰時，運用大腦的兩種方式。有些鳥類有我所稱的「創意智慧」（inventive intelligence），是改變它們的行為所必需，這麼一來才能發明新的解方，解決新問題，應付新環境條件。創意智慧能讓鳥類想出辦法度過新挑戰，並學習重複這解方。創意智慧幫助鳥類記得它們把食物存放哪裡，並在最必要時運用收藏起來的食物。創意智慧也能幫助鳥類找出新方式取得食物。舉個例子：新喀鴉（New Caledonian crow）會運用不同工具來取得原本碰不到的食物。它們會打造那些工具。在實驗室中，研究者布置了一種它們無法以直鐵絲取得的食物，於是有隻名叫貝蒂（Betty）的新喀鴉就把鐵絲彎曲成鉤。在野外，不同的新喀鴉族群會以不同工具，做不同的事。[4]烏鴉會學習與發明。正如約翰・馬茲盧夫（John Marzluff）與托尼・安吉爾（Tony Angell）在精彩的佳作《烏鴉傳奇》（*Gifts of the Crow*）中提到，[5]具有創意智慧的鳥所發明的作法，即使是最聰明的狗或

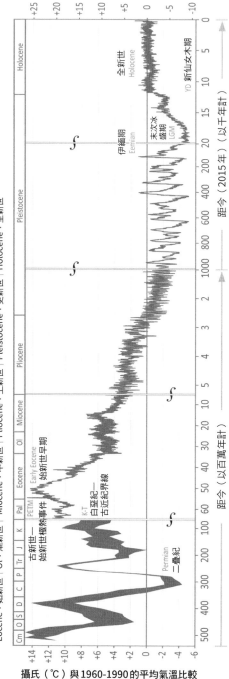

華氏（℉）與1960-1990的平均氣溫比較

Cm：寒武紀｜O：奧陶紀｜S：志留紀｜D：泥盆紀｜C：石炭紀｜P：二疊紀｜Tr：三疊紀｜J：侏儸紀｜K：白堊紀｜Pal：古近紀｜
Eocene：始新世｜Ol：漸新世｜Miocene：中新世｜Pliocene：上新世｜Pleistocene：更新世｜Holocene：全新世

攝氏（℃）與1960-1990的平均氣溫比較

圖6.1.：氣候變遷的歷史，是由冰芯與其他來源中萃取出的氣候代理物（proxies for climate）重構而成。在地球史上，氣候曾反覆變遷。但有三件事情，讓目前的氣候變遷相對特殊。第一是速度。目前的暖化發生速度，比過去數百萬年所發生的暖化速度要快。第二是暖化的規模。下個世紀預期將發生的暖化規模，最後一次是在始新世（Eocene）發生，即四千萬年前。第三，人類自從農業出現以來，經歷的氣候是極為穩定的，正如本圖的最右邊顯示。我們的文化與體制就是在這種穩定背景下演進。未來氣候的特色將不再是穩定，而是變異，無論是季節間、數年間或數十年間的尺度都是如此。本圖是由尼爾・麥克伊（Neil McCoy）依據羅伯・羅德（Robert Rhode）的圖調整而來，而羅德的數據來源為：Lisiecki, Lorraine E., and Maureen E. Raymo, "A Pliocene-Pleistocene Stack of 57 Globally Distributed Benthic d18O Records," Paleoceanography 20 (January 2005): PA1003.

幼兒都辦不到。那些烏鴉會以創新行為來迎接新狀況。烏鴉正如演化生物學家恩斯特・麥爾（Ernst Mayr）所描述的古人，專精於「去專門化」，擅長不同的時間與地點，發揮不同的作法。[6]

然而，創意智慧並非鳥類克服日常挑戰的唯一方法。鳥類也具有與特化相關的技能。鳥類會靠著這些技能，將一套受到限制的任務做到極致。這些物種就像作家安妮・迪勒（Annie Dillard）所稱，「理解到自己唯一的必要之舉」而且「不放棄」。[7]鴿子即使離巢數千英哩，依然能找到回家的路。禿鷹能找到好幾哩外的動物屍體。鶉鶉在回應危險時，會以驚人的速度一起往前猛衝。鸕鷀知道何時與如何讓藍黑色的翅膀乾燥。這些技能的例子並不是創意；甚至牽涉到大腦的程度，還不如牽涉到其他遍及身體的神經系統那麼高，且是連接到大腦最古老、最無意識的部分。因此我們可說這些型態的技能是無意識或自發的。

有一種鳥具備非凡的自發技能——暗色海濱沙鵐。暗色海濱沙鵐生活在美國佛羅里達州梅里特島（Merritt Island）周圍的沼澤地及附近的聖約翰河（St. John's River）一帶。數千年來，它們善加利用沼澤地的草莖當作築巢區域，也會吃草莖之間的昆蟲。它們具備「知道該去哪裡」的必需技能；行為傾向於只在梅里特島與周圍，以及聖約翰河一帶進食、交配與生活，此間環境與它們的生活方式堪稱絕配。暗色海濱沙鵐不會在其他地方生活。整體來說，它們具有必需的技能，從事唯一該做的事——活得像隻暗色海濱沙鵐，且把這件事做到近乎完美。在這方面，它們就與數千種鳥類一樣。

　　具有創意智慧的鳥類，可望在變化多端的未來蓬勃生長，具有特化技能的鳥則會受苦。更精確地說，後者由於不放棄正在消失的生活方式，後果只得概括承受。本章稍後會談到，可想而知，具有創意智慧的人類制度與社會，可能會興旺發展，而仰賴特化技能的人類制度與社會則會吃苦。不過，關於人類的事我們稍後再聊，現在先來回到鳥類身上。

　　令人驚訝的是，科學家對於如何測量創意智慧，多多少少已形成共識，至少對鳥類如此。如果大腦佔身體質量的比例較大，這樣的鳥會有較多創意舉動。丹尼爾・索爾（Daniel Sol）是西班牙加泰隆尼亞生態研究與應用林學中心（Centre for Ecological Research and Applied Forestries）的研究人員，談到鳥類時，他是首屈一指的專家，研究鳥類智慧已經超過二十年。索爾在2005年寫道，腦部大的鳥通常較能投入新的覓食行為，嘗試以新方式吃熟悉或不熟悉的食物。[8]當然，例外的情況也存在。有些腦部大的鳥不太彈性靈活，而有些腦部小的鳥更有創意之舉。但整體來說，這種模式是存在的。

　　腦部大的鳥類包括烏鴉，也包括渡鴉、松鴉及其他鴉科的物種，還有鸚鵡、犀鳥科、貓頭鷹與啄木鳥。當然，在每一種鳥類族群中，有些鳥的腦袋就是比其他鳥靈光。家麻雀就比其他麻雀更靈光。家麻雀的腦是麻雀科中最大的，有時還有長羽毛的猿類之稱。這說法其來有自。人類大腦平均佔人體質量的

1.9%。依據馬茲盧夫與安吉爾的說法,渡鴉的腦則佔身體質量的1.4%——稍微少一點,但只是稍微。同時,新喀鴉的腦佔身體質量的2.7%。哺乳類的腦和鳥類的腦很不一樣,因此這種比較不應過度認真看待,不過,也足以說烏鴉腦袋靈光,堪稱是「有羽毛的猿」,或說猿是「不會飛的烏鴉」亦不為過。

至於有自發技能的鳥類則比較多元,反映出許多不同的特化方式;這些鳥類的共同之處除了特化,還有通常腦佔身體的比例比較小。

關於哪種鳥的創意智慧比較豐富,科學家已有大致共識,這麼一來,科學家可進一步思考的是,對諸多物種來說,創意智慧是否有助於物種面對環境的變異性,尤其是氣候變異,無論是逐年氣候或是季節之間的變異。科學家可以測試,在有氣候變異性的區域或生物圈,鳥類是否較可能演化出創意智慧。科學家還能測試,有智慧的鳥是否在環境變異性出現的時候,傾向於移動到新的人類生物圈。這問題似乎會有很多不同意見,不過,科學家再度得到廣泛共識。

近期闡述認知緩衝法則的研究,部分是出自我的友人與合作者卡洛斯・伯泰羅(Carlos Botero)。我最早就是從卡洛斯得知這項法則的。卡洛斯在哥倫比亞長大,常在走路時仰望鳥兒,甚至在行走間絆倒。鳥類帶領卡洛斯進入紐約的康乃爾大學，之後前進密蘇里州聖路易的華盛頓大學，目前在此擔任助理教授。卡洛斯深深著迷於鳥類行為，起初專注於雄性熱帶嘲鶇的鳥鳴能力。他發現，嘲鶇在較多變的環境裡，會產生較有創意與繁複的鳥鳴；卡洛斯就是在研究嘲鶇的鳥鳴聲之時，開始把關注焦點拓展到鳥類腦部、智慧等等，也探究起哪些鳥類物種可能在多變的環境中更興旺。

　　卡洛斯與友人和同事研究起鳥類所面對的幾種變異性。其中一種和年內氣溫與降雨有關，換言之，就是季節。這種變異性是可預測的（每年都會發生），但仍舊是挑戰。卡洛斯等人發現，沒錯，在鳥類必須應付季節變化的地方，鳥較可能有較大的腦。如果把不同族群的鳥類加以比較，就會看出情況確實如此，例如把鴉科（例如渡鴉、烏鴉和喜鵲）和紅鸛相比較。季節性也會對特定鳥類族群裡腦部大的鳥種較有利——各種貓頭鷹之間就是如此。生活在有季節性環境的貓頭鷹，通常腦筋會特別靈活。[9]較大的腦部能幫助它們在食物稀少的環境中尋得食物。其他研究者則指出，在比較各種鸚鵡時也出現一樣的情況。[10]這種模式甚至能在同一物種裡看見。塔爾薩大學（University of Tulsa）的琪琪・瓦格農（Gigi Wagnon）與查爾斯・布朗（Charles Brown）近期研究發現，在極端寒冷來襲時，腦子越小的崖燕比腦子較大的崖燕死亡可能性更高。[11]相反地，住在有季節變化的環境卻會遷移，因此逃過季節性後果的鳥，不僅腦部不大，反而是很小。它們有的是翅膀。[12]

　　要注意的是，這次情況有個小插曲。伯泰羅和合作者崔佛・弗里斯托（Trevor Fristoe），以及索爾和合作者等研究人員都發現，不是只有大腦較大的鳥類物種能擅於應付季節的變異性。大腦小的鳥類物種當中，有些生活型態剛好有能力應對其所面對的特定季節變異性。[13] 舉例而言，如果變異性是發生在冬天，那麼腦部很小的鳥——與其說是胡桃，不如說像花生，且是半顆花生——剛好個子很大，胃腸大又能發酵食物，那麼這些鳥類就很能適應。這樣的鳥類有特化的必需技能，在面對變異性的某些細節上足以應對。於是，以夏熱冬寒的遙遠北方為例，渡鴉、烏鴉與貓頭鷹會興盛，且正如卡洛斯指出，吃穀類、松針、植物根莖部，且腦部小的松雞與雉也繁榮生長。

就某種程度而言，和季節有關的變異算是單純，即使每次出現時都對系統是個震撼——初雪、第一場春雨，或是第一道夏季熱浪是震撼，但都在意料之中。春、夏、秋、冬；春、夏、秋、冬。就是這樣四時輪轉。另一種變異性則和季節差異無關，而是每年不同。這樣的變異較難應付，因為沒有模式存在。鳥無法預期大旱之年。正是這種無可預測的變異度、難以預測的逐年溫度與降雨，在未來預期會更加普遍。正如會出現季節變化的地方，若每年環境都會變異，則多半對具備創意智慧的鳥類有利。

創意智慧對鳥類的幫助，通常是讓鳥類得以找到食物，即使平常常吃的食物已很稀少。創意智慧也能讓鳥類掠食的物種更加多樣化。我在思索鳥類的創意智慧價值時，會想到最近觀察烏鴉的經驗。我每年會有一段時間在哥本哈根大學工作。上一次待在哥本哈根時，我常在騎單車上班途中，觀察一群冠小嘴烏鴉（hooded crow）。這種烏鴉和短嘴鴉（American crow）有密切的親緣關係，就聚集在市區外海岸邊往北的濱海道路上。我每天都會經過這群烏鴉旁，於是能密切注意它們吃什麼。在夏末，它們會吃人類的食物，包括黑麥麵包、薯條、洋芋片碎屑，而既然這裡是丹麥，它們也不忘配幾口嘉士伯啤酒。但在八月份氣溫變涼之後，海邊遊客變少，垃圾也更少了。這群烏鴉改到附近一棵樹木收集胡桃；一整天都可以見到這些烏鴉反覆把胡桃扔到人行道上的水泥，讓胡桃外殼裂開，一次又一次地扔，把胡桃殼打開。等到胡桃沒了，鳥又開始扔蘋果。等蘋果沒了，它們開始扔貽貝。我最近騎單車經過時，看到這群烏鴉在扔蝸牛。雖然這是在城市邊緣，看不太出有原野自然的豐饒，但這群烏鴉就是有創新能力，應付過去。它們的創意行為，恰恰就是索爾認為多與腦部較大有關的創新。烏鴉顯然會運用大的腦尋找、選擇與取得新食物，那些作法很能應付城市裡每月的變化，也可應付每年的變化。只要耐心觀察過烏鴉的人，最後都會提出烏鴉創新料理法的範例。不只烏鴉如此，有人指出，英國有社區的藍山雀（blue tit）學會啄穿屋子門廊上牛奶瓶的鋁瓶蓋，以取得裡頭的乳脂。在《雀喙之謎》（*The Beak of the Finch*），作者強納森・溫納指出，只要這作法發明出來，之後會在鄰里的鳥之間一傳十、十傳百，搞得家家戶戶的門廊都會碰上此事。[14] 其他鳥類可能挨餓受苦之時，有創意的藍山雀就靠著生命之奶生存。

　　不過，在不同季節吃不同食物，並發明新方式取得新食物，只是有創意智慧的鳥類應付變異性的部分方法。它們還會儲藏食物，舉例來說，北美星鴉（Clark's nutcracker）會把松子埋起來收藏，之後運用大大的腦子，記住埋下一顆顆松子的確切位置。北美星鴉的大腦能幫助它們知道何時要儲藏松子，也幫助它們知道去哪裡挖出先前收藏的松子。每隻北美星鴉都能記住幾千個松子各埋在哪裡，即使已埋了十個月。有人會主張（但我不會），要記住埋松子的位置真正所必需的，究竟是創意智慧，或那只是一種獨特的技能型態。不過，這種智慧絕對算得上是創意的部分，在於有能力在某些時間點（而不是其他時間點）取得松子，並知道哪些松子該先取回，哪些該先留存起來。這些鳥不僅儲存食物，也會小心分配。例如馬茲盧夫和安吉爾指出，西灌叢鴉（scrub jay）「能先搜出會腐敗的蟲，之後才去找不會腐敗的種子」。[15] 這就是說，西灌叢鴉會運用鳥類的某種「最佳賞味期」標籤。對於有創意智慧的鳥類來說，這些事情並不需要過度費力。馬茲盧夫和安吉爾就指出，渡鴉與西灌叢鴉如果發現其他鳥類——潛在小偷——觀察它們把食物藏在哪，它們就會重新把食物藏到別地方。

　　若關於智慧帶來緩衝效果的想法沒錯，那我們可再提出幾項其他預測。如果能為問題找到多樣的解決方式，即可在多變環境中幫助鳥類，則腦部大的鳥種族群在氣候變異的情況下，每年族群大小變化應該會比腦部小的鳥類不明顯。伯泰羅和弗里斯托指出，事實的確如此。在好年頭，腦部小的鳥種數量會增加，在壞年頭數量就會減少。腦部大的鳥種族群大小穩定——有緩衝。[16]或許可預測，若鳥在人類的帶領下進入變化多端的氣候，則腦部大的鳥種應較可能興旺。確實如此。[17]我們也該預期得到，更可能在人類與城市周圍繁榮生長的是腦部大的鳥，這些地方的環境難以預測，不僅城市的每個區塊不同，且時時刻刻都可能變化。演化生物學家費倫‧薩耶爾（Ferran Sayol）和指導教授索爾，以及另一位恩師艾力克斯‧皮格特（Alex Pigot）合作時，也證明了確實如此。[18]其他在城市生存得宜的鳥種，是有特殊特化、腦部小的鳥：會經常交配繁殖。經常交配繁殖的鳥種能在城市存活，是因為產下許多鳥寶寶，並「期盼」有些小鳥寶寶能在對的地方或碰到對的時機，因而繁榮生長。

　　關於城市中腦部大的鳥種，不妨想想鴉科。哥本哈根的冠小嘴烏鴉、迦納首都阿克拉（Accra）的非洲白頸鴉（pied crow）、新加坡的巨嘴鴉（jungle crow）、北卡羅來納州羅里的魚鴉（fish crow）。正如詩人瑪麗‧奧利弗（Mary Oliver）所稱「在公路旁／它們撿起沒有生氣的東西」，也就是城市中生命界的「深層肌肉」。[19]在《烏鴉星球》（*Crow Planet*）一書中，莉安妲‧林恩‧霍普特（Lyanda Lynn Haupt）甚至大膽主張，綜觀地球史，如今是烏鴉與其他鴉科動物最多的時候。[20]或許是，也或許不是。不過無庸置疑的是，有一部分的鴉科很能在我們周圍生存。

但是在城市中運用大腦而繁盛生長的，不只有鴉科。貓頭鷹也是，甚至部分種類的鸚鵡也是。周遭這些聰明鳥類紛紛崛起，恰恰說明我們讓世界多麼難以預測。烏鴉與其他聰明的鳥類猶如指標，說明環境條件對多數物種來說是多麼難以忍受與預測。1855 年 1 月 12 日，亨利・大衛・梭羅（Henry David Thoreau）在日誌中寫道，烏鴉的啞啞聲「與村中輕微的咕噥、孩子的遊戲聲交融，猶如一條溪流緩緩注入另一條，於是狂野與溫馴合而為一。」[21] 對梭羅來說，烏鴉為自己發聲，也為他發聲。但或許更精準地說，烏鴉的存在與大量出現，並不是為他或為我們訴說什麼，而是訴說了關於我們的事。

哪種鳥在變異性提高時會吃苦頭？通常是有特化技能，卻無法再匹配任何新環境條件的鳥種。這樣的鳥會秉持固有作風，設法在艱困時期生存。它們會不計代價，堅持固有方式。暗色海濱沙鵐就是例子。

前文提過，暗色海濱沙鵐在梅里特島一帶生存，這地方在卡納維爾半島（Canaveral Peninsula）的末端。在那邊和聖約翰河沿岸，暗色海濱沙鵐會於地勢高且相對乾燥的沼澤地特化，在此演化了二十萬年。沼澤地長期以來相當穩定，這表示暗色海濱沙鵐不需要在回應新環境時不可或缺的智慧。

但之前沒提到的是，梅里特島剛好也是美國航太總署

（NASA）決定成立甘迺迪太空中心（John F. Kennedy Space Center）的地點。航太總署選擇梅里特島，把火箭送上太空，人類會在太空船回望地球。太空人麥可‧柯林斯（Mike Collins）就是在阿波羅十一號（Apollo 11）的任務中，從甘迺迪太空中心進入太空。在日後一部紀錄片的訪談中，柯林斯想到這次任務時說：「當我回望地球時，一股感覺鋪天蓋地襲來：天啊，那邊那個小東西多脆弱啊。」[22]

　　航太總署把梅里特島當作太空計畫的焦點，使之成為地球與太空之間的臍帶，而在做這決定的之前與之後，人類為了運用梅里特島，就努力掌控這座島嶼，讓這裡的環境條件更適合人類，符合人類需求。要控制這座島，第一項努力就是運用DDT殺蟲劑。人類以DDT灑遍了整座島，以求控制島上的蚊子。這次噴灑造成兩種後果：消滅大量暗色海濱沙鵐會吃的昆蟲。而在無意間，也發生了完全可以預料的事：嘉惠對DDT有抗藥性的蚊子（根據推論，尚有其他昆蟲物種）演化。昆蟲的總生物量減少，似乎導致暗色海濱沙鵐數量銳減。噴灑DDT是在1940年代開始，至1957年，暗色海濱沙鵐族群數量減少70%。暗色海濱沙鵐並不具有必需的創意智慧來尋找其他食物。同時，一旦蚊子對DDT產生抗藥性，人類又要祭出新招來控制蚊子。這些新措施很有企圖心，因為到那時，島上住著許多在太空中心工作的人。沼澤地若不是挖掘了溝渠，就是被圍起；若不是受諾亞洪水淹沒，就是被排乾，不然就是兩者輪替發生。符合暗色海濱沙鵐關鍵需求的剩餘棲地又進一步減少，變成越來越小，宛如島嶼的小塊土地。那些小塊土地中最好的部分又進一步縮小，因為當時興建了一條公路，連接迪士尼世界（Walt Disney World）與太空中心。這條公路帶動了房屋興建，於是又促成更多的水患與排水系統。在1972年，一項調查找到110隻雄性暗色海濱沙鵐，這表示總共約有200隻。1973年找到54隻雄鳥，因此總共約有100隻。1978年的調查找到23隻雄鳥，因此大約共有50隻鳥。後來只剩4隻雄鳥，沒有雌鳥。最後一隻暗色海濱沙鵐在1987年，於鳥籠中死亡。這隻鳥是從野外帶回，研究人員想讓它與其他種雀鳥交配繁殖，以確保這種鳥能以某種變化型態繼續存在。「諷刺的是」，一份報告指出，這隻仍會鳴叫、被關在鳥籠的雄鳥就「住在迪士尼世界」，而這個「世界」以某種型態取代了它的世界。[23]

　　暗色海濱沙鵐是小小的鳥，在宇宙中是小小的存在。但自從消失後，許多人就談起它的可愛之處，它成為小說、詩歌與無數科學專書的主題。作家巴里·洛佩茲（Barry Lopez）曾說：「和許多事情一樣，深刻欣賞與失落感會同時抵達。」[24]說到底，暗色海濱沙鵐是來到交叉口，它的特化撞上了人類開發、科技（火箭）、政治（太空競賽）與娛樂（迪士尼世界）等力量，遂淪為受害者。它根本無法以自己特化的自發性智慧，預料到會有這些力量，就像無法預料隕石一樣。

　　無論我們到了哪裡，都留下變異性後果，而暗色海濱沙鵐並不是唯一承受這些後果的生物。捕食昆蟲的鳥類在全世界都在減少，很大的原因是來自昆蟲數量銳減。但更普遍來說，許

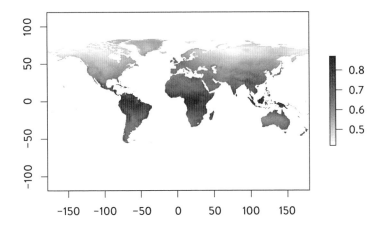

圖6.2：歷年的氣溫可預測性（從一年到下一年）。深色區域的氣溫變異度低（因此可預測）。若某動物因應某年的氣溫而演化，可能就具有應對下一年的必須性狀。另一方面，在顏色淺的區域，未必能從某一年的溫度預測到隔年溫度。最有創意智慧的鳥類，可能會不成比例地在顏色最淺的地方興旺發展，也就是最難預測的區域，包括澳洲中部、北非、熱帶亞洲或北美。本圖由Carlos Botero繪製。

多鳥類有奇妙的特化，將一種不可或缺的生存方式發揮得淋漓盡致，在其世界聰明生活，但這樣的鳥類在減少。[25]人類在大加速中改變了世界，導致數以百計的鳥類如今已滅絕。

　　當一個孩子以樹枝擋住一條小溪時，是暫時控制住溪水。水暫停流動，一切都在控制中，並且乾涸。但後來，水溢出了小水壩。原本的小溪在舊水道湧出，一時間成為一條河。通常我們在控制事物時，就引進了變異性。我們在努力掌控世界，讓世界不那麼多變時，卻在短期內對其他物種來說更加變化多端。長期來看，我們為了自己而做出的諸多小決定，讓環境更變化多端——開的車、進行的旅程、吃的食物、擁有幾個孩子——這些決定加總起來,排放出大量的溫室氣體到大氣層,改變氣候。我們該捫心自問,如何回應這樣的變異性?是比較像烏鴉,還是暗色海濱沙鵐?

在深思這問題時,不妨先知道近期研究顯示,哺乳類(例如我們人類)也適用認知緩衝的法則。舉例而言,有一項研究探討,若將哺乳類引進與當初演化環境條件不同的區域——對它們來說,就是突然進入嶄新環境——則何種哺乳類最容易生存。研究發現,腦部大的動物生存率明顯較高。[26]因此,和我們一起在全世界擴散,並在無意間嘗試控制的哺乳類,就是擁有創意智慧的哺乳類。

以靈長類來說,智慧的角色格外引人注意,在詮釋人類的時候也很重要。我們會問:「我是誰?」接著轉向猴子與黑猩猩尋求解答。以靈長類來說,情況比鳥類或更廣泛的哺乳類更為複雜,但也沒**那麼**複雜,且聽我娓娓道來。

第一個複雜性在於,除了人屬的物種之外,靈長類並未真正躲過地球多數可預測的氣候。(同理,許多靈長類物種可能會因為氣候變遷,承受不成比例的苦難。)當然,我們是腦部最大的靈長類,且生活在最難以預測的氣候中。但如果把思考對象拉回我們自己時,情況變得太難講,畢竟當局者迷,很難看清。研究影響人類大腦演化的關鍵因子,有點像設法在鏡子裡看見自己的後腦勺;你可以做得到,但是觀點不太對。因此把焦點放在不屬於人類的靈長類上比較簡單。

　　非洲靈長類（不包括人類）就和腦部大的鳥類演化支系一樣，腦佔身體質量的比例相對較高，非常耗費能量。在這脈絡中，有兩派不相上下的解釋，說明氣候變異性與不可預測性可能如何牽涉到腦部大小，進而影響創意智慧。其中一種解釋，正如鳥類的情況，若氣候難以預測，則靈長類腦部應該會變大：腦部大與卓越的認知能力可緩衝壞時機的影響。另一種解釋是，如果難以預測的氣候會導致食物減少，哺乳類的大腦應在身體佔的比例較小，因為沒有足夠的食物留給大腦。在這情況下，哺乳類反而應演化出小型的腦部及高繁殖力。

　　要一起思索這兩種解釋，其中一種方法在於別只思考大腦的大小，而要更直接衡量腦能讓靈長類動物做些什麼。若不論氣候差異與棲地變異性，靈長類動物能在何種程度上每天攝取相同的熱量與養分？這裡的概念是，即使時機不好，有創意智慧的靈長類動物會設法吃到足夠的食物。換言之，有創意智慧靈長類動物，行為就會像我在哥本哈根騎單車時遇到的冠小嘴烏鴉那樣，有薯條就吃薯條，有堅果就吃堅果。近期研究人員測試這一點時，發現和鳥類有些許不同，然而依舊十分相似。一般而言，靈長類動物的大腦尺寸，在變化多端的氣候下，會比變化較少的氣候下平均更小，如此一來，需要的熱量就比較少。這觀察符合腦部大就需要耗費較高能量的觀念，而有時環境條件艱困時，根本不值得這麼麻煩。然而即使氣候變異，卻仍可攝取到相同熱量的靈長類動物，是腦部較大的靈長類動物。[27]

　　換言之，若要在多變的環境當個靈長類動物，你可以當個大腦小、耗能低，通常身體也較小的動物，不然就是當個腦部大的動物，運用這樣的腦去找新方式，以獲取足夠熱量。最擅長後者的靈長類動物，包括長尾猴屬、狒狒屬與黑猩猩。既然我們擁有關於黑猩猩的資料最多，就以它們為例吧。無論黑猩猩是生活在雨林或莽原，都能吃類似的東西，因為它們會記得哪裡有果樹、何時結果，此外也會運用大腦製作工具，因此能吃到少了工具就無法取得的食物，例如海藻、蜂蜜、昆蟲或甚至肉類。馬克斯・普朗克演化人類學研究所（Max Planck Institute for Evolutionary Anthropology）的研究人員艾米・卡蘭（Ammie Kalan）是我的合作夥伴，她近期的研究顯示，黑猩猩的確最可能在環境條件無法預測的地方使用工具。[28]在塞內加爾有個地方叫方果力（Fongoli），黑猩猩設法尋找肉，即使它們偏好的獵物物種在此地並不存在。它們會製造矛，並戳向嬰猴睡覺的洞。

　　以創意與黑猩猩使用的工具來看，人類在難以預測的環境與時間中演化出更大的大腦。有了大大的腦部之後，人類遂能緩衝環境條件與時間的變異性。這並不表示，我們的大腦起源於這樣的氣候（幾乎可說絕非如此）；相反地，這表示人類的歷史和其他許多物種相符合。我們選擇的，是許多物種已走過的路。

認知緩衝法則對未來最明顯的意義，是關於哪些物種在變化多端的世界能興旺。持續暖化的環境可能對能容忍這種環境的物種最有利，亦即氣候棲位恰恰符合這種環境的物種。同樣地，溫暖潮濕的環境，有利於有生態棲位為溫暖潮濕環境的物種。溫暖乾燥的環境，有利於生態棲位符合溫暖乾燥的物種。極寒冷（或不久的未來依然寒冷）的氣候，會適合生態棲位為極寒冷環境的物種。但大部分的情況，寒冷氣候恐無法存在。不過變化多端的環境，很可能有利於相當不同的物種，亦即生態棲位中包含多變氣候的物種；世界或許會越來越是烏鴉與老鼠的天下，而出於同樣理由，對暗色海濱沙鴉及數千種類似物種來說，在這世上越來越缺乏容身之處。

　　這項法則的另一個意義，則和物種無關，而是和我們的社會有關。正如馬茲盧夫與托尼‧安吉爾寫道，「早期斯堪地那維亞人會在文字中歌頌渡鴉，稱之為有用的通風報信者」，[29]而北美西北部太平洋岸的最早居民，則認為渡鴉是「激勵人心的動力」。遙遠北方的原住民也表達過類似的情感。或許這些聰明鳥類的洞見與動機，今天依然能幫我們通風報信。但那些動機究竟是什麼模樣？我們該如何像烏鴉一樣生活？

　　當人類還是狩獵採集者，以小團體生活時，能嘉惠烏鴉的情報也能為人類帶來好處。在遙遠北方，以及北美和澳洲沙漠中變化莫測的環境尤其如此。在這種地方與時間，人類會運用像烏鴉的創意來因應新環境。事實上，許多烏鴉能發揮創意智慧而獲得好處的地區，對人類來說也同樣有利——相似程度之大，因此人類和烏鴉經常發現彼此的生活相互呼應。在今天美國西南部，原住民曾和北美星鴉收集相同的松子，也會儲藏起來。他們做的事不僅和烏鴉一樣，還爭取相同的食物收藏，以相同方式度過食物匱乏的時光。

不過，大多數人不再以舊有方式過活，不負責生產所仰賴的東西：不再種植自己的食物，不打造自己的住家，不興建運輸系統、廢水處理系統，或所仰賴的教育系統，至少不是由個人獨自包辦。即使我們的生活仰賴這些系統，多數人仍無法做這些事，原因不光是缺乏能力，也因為如今我們居住於城市。在城市中，我們會仰賴系統來執行這些任務，這些系統固然由人類經營，但在這些系統中也有規則，其所產生的智慧會和個人大腦所灌輸的智慧不同。如果要思考我們是以何種集體能力來因應多變的未來，則要思索的不光是人類大腦，而是宛如大腦般的公私機構運作。

不妨想像，這些機構或許和動物一樣，具有不同的智慧。許多機構（或許佔大多數）是專注在如何把一件事做到完美，即使稱不上一百分，也有挺不錯的成果。它們有專精化的自發技巧。大學通常傾向於這種模式，政府亦然。若這些機構很有效率，是在過去幾十年或更長久以來的一般環境下，變得有效率。或如我在北卡羅萊納州立大學的同事、專精於機構如何回應風險的布蘭妲‧諾威爾（Branda Nowell）所言：「我們有龐大的公共官僚體系，在漫長時間，以無數的方式在結構與文化上演化，適應主流運作環境。」這些機構在「主流運作環境」中專業化，就像暗色海濱沙鵐在其鹽霧與草的世界中特化。在這些機構中，經常可聽到穩定與專業化之類的行話，其所強調的是過往。人們會說「我們以前都這樣做」，這蘊含的意義是「這樣總行得通」。有時候，過去有用的作法並不是特定的解決方案，而是解決一個問題的途徑。但即使如此，運用這種途徑時是假設環境夠相似，因此採取這種途徑才有道理。正如諾威爾所言，在變遷的世界，「過去的行動與結果之間的關係，對現今情況來說，可能關聯很有限。」[30]古老的因果規則可能被新規則所取代。遺憾的是，專精於自發技能的機構，通常很晚才會實踐新規則。

　　其他機構可能比較靈活，可能透過創意智慧與改造來回應環境變化。但老實說，要舉出有創意智慧的機構好範例並不容易。這或許不令人意外。我們的機構多是從數十載的相對穩定中產生。在二次世界大戰結束後，全球經濟系統穩定。更重要的是，我們已習慣氣候的穩定性。自從直立人與後來的智人及其大腦演化以來，地球氣候一直比過去幾億年的其他時期可預測。過去一萬年尤其如此（亦即圖6.1的全新世〔Holocene〕），這段期間，農業、城市與人類現代文化的多數特色出現，也發生了大加速。我們何其有幸，在穩定環境下獲得庇護，卻沒能察覺應該感到慶幸。說得更簡潔，雖然人類在有變異度與難以預測的時期演化出大的腦部，但機構演化出的專門化技能卻是去吻合長久以來的環境，而那樣的環境已漸漸不復存在。

我們或許會預期，許多機構在穩定時期也會演化，才能未雨綢繆，以備不時之需，這就像腦部大的鳥類有時會出現的情況，在不變的氣候中演化。這情況很罕見的原因在於，機構的創意智慧所需的彈性與覺察可能需要代價，就像靈長類動物腦部大也需要付出不少代價。其中一種代價，就是每次都要重新做決定，而不是因循舊規，照本宣科。「我們已知道如何解決這問題」，一名主管會這樣說，「不必再討論」。這就是時間與金錢的成本；暫停下來反省與重新思考，是需要成本的。理論上，如果在設計系統本身及規則時，就知道要因應變化，那麼成本可能會降低。但即使如此，正如諾威爾強調，要能察覺到環境改變的警戒心，是需要成本的。不僅如此，諾威爾還說，過去的警戒心或許不是未來所需的警戒心。

烏鴉向來有警覺，知道冬季會酷寒難耐，會食物短缺。當這些改變來臨時，烏鴉就發揮創意。大型機構就性質而言，基本上不會察覺這些變化。這些機構應該監測變化，時時保持警覺，必須對過去鮮少發生的事件有高度警覺。但這樣做的代價是，在多數年頭並不會發生罕見的事件與變化。在多數時候，為此等事件進行規劃所產生的成本，會在每季財報的緊要關頭更為明顯。在石油公司漏油事件之前，安全措施會耗費鉅資，沒有任何利益回報。在出現核熔燬之前，核電廠若訓練人員，讓他們對可能發生核熔燬的跡象有反應能力，也只是浪費錢。

或者在布蘭妲所專注的例子中，在救火隊員真正碰到比之前見過的火勢要大得誇張之前，對於此等大火做好準備幾乎像愚行。不過，當我們探看未來，我們已知道夠多，會察覺到變異度提高。在此同時，忽視罕見事件與變化會更危險，因為這些事件已日益平凡常見。

在COVID-19大流行之後，研究哪種機構做較多準備，因應疾病所呈現的風險是很有用的。因為像新冠肺炎這樣的疾病大流行，勢必將更加常見。幾十年前，研究疾病的生態學家就知道，若生態系統受到破壞，並與大規模農耕——或甚至只是把動物一起關在籠中——結合，再加上全球人口的相互連結，就會促成新寄生物演化。他們總是耳提面命，指出哪些地區最常是寄生物發源地。他們就像是貝比・魯斯（Babe Ruth，譯註：1895-1948，是美國棒球員，同時擔任投手與打擊者，曾在美國職棒史上留下耀眼成績，有棒球之神的美譽。），指著自己要把球擊往公園外的哪裡。生態學家指出，自然會在哪裡把寄生蟲打入我們的集體社會。但重點並不是疾病大流行的風險會增加，而是許多問題的風險會增加——洪水、乾旱、熱浪，**還有**疾病大流行——於是具備創意智慧的額外成本也顯得更低。

若我們要在多變的環境中求生，社會就需要夠有創意。人人都可以留意創新的跡象，及需要作出什麼改變，以達成目標。不僅如此，我們還可以對缺乏這些創意的時刻更有意識，在那些時刻，我們會聽到某人（或甚至是自己）說「我們一直都這樣做」，或者「在這種情況下，我們通常會⋯⋯」。

　　但還有其他要事。

　　烏鴉在運用創意智慧來應付新環境時，會找出新的覓食方式，也會吃新的食物。基本上，烏鴉就是讓飲食多樣化，這麼一來，若其依賴的某一物種變稀少，或許還有其他變得更常見的物種可選擇。無論是在農田或是在我們身上，我們或許可利用大自然的多樣性，緩衝所遭受的風險。即使我們的智慧缺乏超高創意，依然能做到這一點。伯泰羅曾說過，巢寄生（brood parasite）——也就是鳥把蛋下到其他鳥類的巢中——即使沒有創意，仍可獲得多樣化的好處。巢寄生的部分鳥類能在變化多端的氣候中繁茂生長，是因為仰賴更多鳥類，讓那些鳥當作它們鳥蛋的房東，[31] 這麼一來，如果某種鳥的族群減少，其他鳥可能增加。它們會把蛋放在不只一種鳥巢中，無論是事實或比喻來說都是如此。我們在仰賴其他物種時，可以建立這種分擔風險的作法，也該採行此道。這未必會在所有的脈絡中都行得通，但在第七章會詳談，這在農業背景下是可行的。教士亨利・沃德・比徹（Reverend Henry Ward Beecher）曾說：「就算人有翅膀與黑色羽毛，比烏鴉聰明的恐怕也不多。」[32] 或許人類不會比烏鴉聰明，但依然能多多少少緩衝可能發生的事。[33]

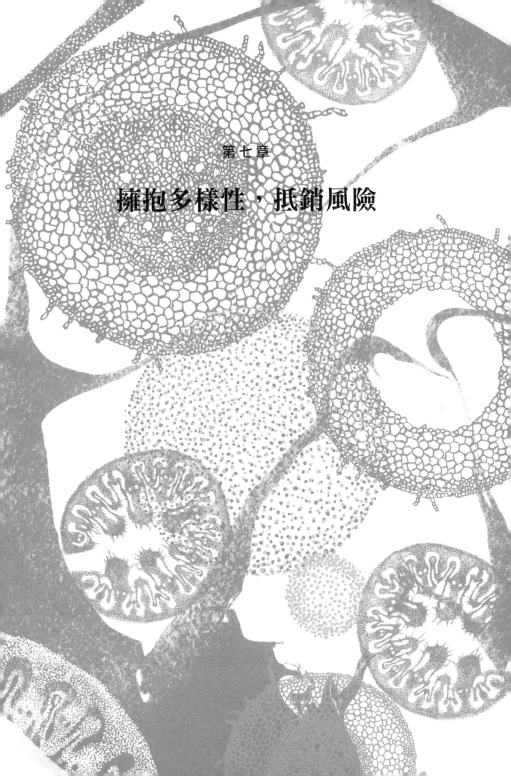

第七章

擁抱多樣性，抵銷風險

　　上個世紀農業的一大成就，並不是永續性、風味或營養，而是產量。作物科學家設法增加每一畝耕地所產生的熱量，供人類攝取。他們成功了。現在每一畝玉米田會產出更多玉米穀粒、每一畝小麥田生產更多小麥穀粒，每一畝大豆田也長出更多大豆，數量不僅在四十年前難以想像，更遠超過百年之前。產量增加讓世界最重要的幾種主糧價格更便宜，更容易取得，也在過去數十年減少了飢荒。

　　這些成就是靠著控制而取得。透過育種與工程，我們可以改變作物的基因，讓作物長得更快，給水施肥的情況下尤其如此。正如迪勒所寫，我們猶如涉水，進入「潮濕的細胞核」，插入會產生殺蟲劑的基因。[1]我們甚至插入的新基因，讓植物對除草劑有抵抗力（之後又以除草劑噴灑農田，殺死沒有抗藥性的野草，這樣作物就不必與之競爭）。這些操作的明確特色在於，我們讓作物更融入工業系統的一部分。就像組裝線的元件，作物如今受到控制，也因控制而繁茂生長。這系統固然不無可議，但別忘了，世界上飢餓人口的比例遠低於百年前。然而我們在展望未來時，會發現這體系面臨一大挑戰。我們建立的糧食系統是在變異度降到最低時才能繁榮發展，但正如第六章所言，我們也改變了地球的氣候，使氣候更加變幻莫測。這下子問題來了。

　　把工業技術途徑應用到農業，相當適合用來解決未來的幾項挑戰——例如怎麼在每一畝農地多擠出一些熱量，或如何產生更耐旱的作物。但這種作法無法善加處理變異性，尤其是在掌控範圍之外的變異性。未來的環境條件會成為變動快速的目標，尤其是和氣候有關的部分。適合今年環境的理想作物，不太可能在明年的環境依舊是理想作物。在這種情況下，大家所期盼的是生態學家所稱的「生態穩定性」（ecological stability）。穩定的自然生態系統，是指初級生產（亦即在特定時間於特定區域生長的植物量）不會每年出現很大的差異，即使氣候環境條件會有不同。穩定的農業系統是指每年產量的變化不大，即使氣候差異很大。要達到這種穩定度，其中一種作法就是運用科技，緩衝環境變異，亦即保持環境不變。舉個例子，乾燥時可以多給點水，潮濕時少給點水，而在無人機、氣象站與人工智慧的結合下，可以更精準到位。只要有錢就辦得到。但這不是唯一的辦法。

　　另一種處理變異性的方式，是來自自然的啟發。烏鴉若要耕種，就會採用這種方式。弔詭的是，這種作法在應付氣候變異性時是透過種植不同的作物，提高農業多樣性——換言之，就是嘉惠一種變異性，對抗另一種變異性。這種作法的價值，最早是在明尼蘇達州長著草的荒田凸顯出來——生態學家大衛・提爾曼（David Tilman）在這田野建立迷你的世界，藉以更了解廣袤的世界。

　　提爾曼在當研究生時，認為自己是特別的生物學家，會運用數學理論來產生預測,並做實驗驗證。起初,這些預測規模都相當小。

提爾曼最早進行的實驗,目標是了解不同的藻類物種如何彼此共存。一座池塘裡可能有三十種行光合作用的藻類,基本上全都需要相同的養分及日照。為什麼其中沒有任何一種藻類會在競爭中勝出,得到養分,讓其他藻類滅絕?生態學的開山祖師之一喬治・伊夫林・哈欽森(G. Evelyn Hutchinson)稱這謎團為「浮游生物的悖論」。[2]提爾曼的目標是解決這問題,而且可以很得意,因為他做到了。他以一連串仔細的實驗,證明藻類如果有不同的生態棲位,它們就能共存。在這種情況下,其生態棲位會和最受限制的資源有關(磷與二氧化矽)。雖然三種物種可能都需要磷、二氧化矽與陽光,不過,若其中一種需要的是稍多的磷,另一種需要稍多的二氧化矽,還有一種需要的是稍多的陽光,則這三種可以共生。[3]提爾曼從這實驗中獲得洞見,於是進行更多藻類的實驗,測試其他藻類如何共生的其他特徵。提爾曼靠著這研究,年僅二十六歲就獲聘為明尼蘇達大學的助理教授。

雖然提爾曼繼續在明尼蘇達研究起藻類,也開始玩票似地研究起陸生生物。舉例來說,他研究櫻桃樹上的螞蟻及生長在囊鼠地洞周圍的植物,那個區域當時稱為雪松溪自然歷史區(Cedar Creek Natural History Area,現稱為「雪松溪生態科學保護區」〔Cedar Creek Ecosystem Science Reserve〕),在明尼亞波里斯外30哩。提爾曼在雪松溪時,決定做另一種實驗,要比玩票性質更長久一點，這項實驗會與他的教授生涯長久結合。

　　提爾曼想重探某些在藻類所測試過的觀念，但研究對象變成陸生植物。1982年，提爾曼在三塊廢棄農田（也就是生態學家說的荒廢地），分別建立五十四個小樣區，也在草原上設立數量差不多的小樣區。他會辨識與計算每塊小樣區上的個別植物。有些樣區多樣性較為豐富，有些則較為缺乏，全都隨緣。提爾曼之後將這些區塊隨機分配成七區，給予不同的飲食養分，也就是不同濃度的肥料。在其中一個極端，有些樣區不會得到肥料；在另一極端的某些樣區，所得到的肥料和密集度最高的工業化農業一樣多。為了讓這項計畫能啟動，提爾曼得先選擇場地、打造樣區，並為每塊樣區提供分配到的養分，再經年累月，研究結果。這研究工作和農耕一樣消耗體力，但勞動的成果是智性的。在荒廢地工作一整季，得到的是精闢見解，而不是李子。

　　這份辛勞的工作剛展開幾年，提爾曼就獲得發現。他寫下十餘篇報告，探討植物會因為得到的養分密度不同，影響共生與不共生。他還寫了許多其他報告，探討植物群落長期下來如何變化，成為養分濃度的函數。研究中有的獲得讚譽，有的遭到遺忘。不過，還有值得注意的事。隨著一年年過去，提爾曼可研究起實驗中的長期現象，尤其可測試所謂「多樣性—穩定性」假說。

　　長久以來就有人假設，包含較多種物種的森林、草原與其他生態系統應較為穩定，尤其在面臨火災、水患、乾旱或疫病等重大動盪時最為明顯。多樣性—穩定性假說預測，更多樣的生態系統較不受到這類災難影響。提爾曼研究計畫中的每一塊樣區所包含的物種數量（多樣性）各有不同，這些差異的部分原因是來自樣區所得到的處理，也因為在提爾曼開始實驗之前，每塊地各有各的隨機差異史。有些樣區的物種較豐富（亦即多樣性較高），有些則貧乏得多。多樣性最高的樣區會類似自然草原，其中有些植物會長得很高，有的則很矮。有些有大把大把的根，有些根部則長而筆直。此外，這些植物色彩多樣，有棕色、綠色的拼貼，以及正如我一位曾在這樣區工作的朋友尼克・哈達德在電郵中所稱：「可看見花朵欣欣向榮。」多樣性最低的樣區經常是施很多肥的樣區，這裡最像密集農業，通常長著偃麥草（quack grass）或草地早熟禾（Kentucky bluegrass），其高度、葉形、需求都一致，也是一模一樣的綠。提爾曼可以從各樣區間的差異，研究施肥與其他因素如何影響一塊樣區上會出現多少物種，以及是什麼樣的物種。不過，春去秋來、經過歲歲年年，他還可以驗證多樣性—穩定度的假設，看看最多樣的樣區在經過時間洗禮後，其多樣性的減少幅度，是否會變得比原本較缺乏多樣性的樣區大。不然，他也可驗證這項假設在火災、疫病、水患或乾旱等災難襲擊時是否站得住腳。他就是得等。

當然，提爾曼也能以實驗的方式製造某種災難。他可把寄生物放到樣區，或放火。只不過，他不必勞師動眾，實驗性地請來代表世界末日的天啟四騎士，因為老天降下大旱，讓他碰上如末日般的情況。他實驗進行到第五年，來到1987年10月，這時明尼蘇達州開始發生五十年來最嚴重的乾旱。這場大旱延續長達兩年，非常可怕，卻剛好符合提爾曼所需。不過，他還不能立刻研究乾旱的影響。他不僅得等待，觀察乾旱如何影響每一塊樣區，也得在大旱之後追蹤觀察復原情況。生態系統的長期穩定度，是抵抗性（resistance）的函數。具有抵抗性的生態系統是不會改變的，即使在回應天災時也一樣，它會抵抗。生態系統長期穩定度也是其彈性（resilience，也稱為「恢復力」）的函數，有彈性的生態系統在災難之後會以恢復力來回應。提爾曼可在1989年就開始研究樣區抵抗性，但要研究樣區恢復力、彈性及最終的穩定性，都得繼續等待。

終於，在1992年，實驗邁入第十個年頭、乾旱開始六年之後，總算等了夠長的時間。於是提爾曼開始和一名來自蒙特婁大學（University of Montreal）的訪問學者約翰・道寧（John Downing），研究每塊樣區的抵抗性、彈性與穩定性。提爾曼與道寧決定把焦點放在每年每一塊樣區產生的總植物生物量（生物量是指活的生物總量）。他們把樣區長期的生物量變化加以比較，這樣可以衡量每塊樣區的乾旱抵抗力、乾旱後的彈性，以及其抵抗性與彈性的淨後果（亦即穩定性）。

提爾曼與道寧發現，有較多物種的樣區在遭逢乾旱後，生物量的減少幅度較小。[4]在乾旱期間，物種少的樣區會出現生物量大幅衰退的情況，減少約80%，這些樣區無法抵抗乾旱。

在較多樣化的樣區，生物量依然會衰退，但幅度沒那麼嚴重，約50%。相比之下，較多樣的樣區較有抵抗性。此外，在接下來幾年，多樣性高的樣區比多樣性低的樣區更能完全恢復其生物量，比較有彈性。由於具備抵抗性與彈性，因此在把乾旱發生之前與之後的幾年都納入考量後，會發現多樣性高的樣區也較穩定。雖然研究人員長期以來都提出多樣性能影響穩定性的假設，但過去缺乏野外實地的實驗記錄。這下子提爾曼與道寧得到了吸引人的證據。多樣性較高的草地比較穩定。多樣性—穩定性的假設越來越像法則，然而提爾曼希望能更確定。因此在1995年，他展開更新、更大的實驗。

這項新實驗稱為大生物多樣性實驗（Big Biodiversity Experiment，簡稱BigBio），焦點就著重在多樣性。這項新實驗的主題更直接確認的是，較多樣的荒廢地在面對乾旱、寄生物與害蟲時，是否比其他荒廢地更加穩定。這次新試驗的樣區比之前的肥料計畫要大，數量也更多。每一塊樣區是先由經過整地機與犁移除原有的植物，再徒手種植所有植物，從種子開始種起。整理後的樣區需要時時照料，需要測量（尤其是夏天），需要除草。除草是尤其辛苦的工作，因此哈達德記得，每年夏天都雇用約九十個大學生，扛下這項工作。於是這將近百名知識界的明日之星就像山羊一樣，彎下腰，在樣區到處移動，把不是當初種植在此、不屬於此地的植物一一除去。

而正當實驗啟動，提爾曼開始思考結果時，他們發現，顯然依據每塊樣區所包含的植物種類數量，可預測出每塊樣區的

圖7.1：上圖是提爾曼較大的生物多樣性樣區，為大生物多樣性實驗的一部分。可仔細看看每塊地的日照、荒地量及植被高度都有差異。下圖是學生為相同樣區的一部分除草，一次只除去一種植物。圖片提供：Jacob Miller。

諸多情況。在一般年份，有越多種植物的樣區，就能產生更大的生物量，亦即有更多生命。這種樣區包含更多種昆蟲、包括草食性昆蟲，以及吃那些草食性昆蟲維生的物種。這些樣區也較不容易受到害蟲與寄生物入侵。提爾曼和幾十個學生與合作者，花了數十年寫下一篇篇報告，先從1982年的實驗開始，之後又從更大的實驗為題，而幾乎所有的報告的標題都可以是「植物多樣性對○○的影響」，差異就只在「○○」可以填上什麼名詞。同時，他需要等待，才能驗證這些大樣區是不是和過去規劃的小樣區一樣，越多樣的也越穩定。再一次，他又必須等上好幾年，因為他必須考量好年頭與壞年頭變異性的數據。

　　草、牧草、樹木或甚至藻類較為多樣的樣區，會因為兩項理由而可能較為穩定。第一個理由已被稱為資產組合效應（portfolio effect，或稱為保險效應）。「資產組合效應」原是股市投資人使用的名詞，投資人把錢投入股市時，會投資利基不同的產業或公司，以降低風險。相同的經濟衝擊，不同產業會有不同反應，漲跌互見。因此，投資多樣化的股票組合可緩衝風險，長期下來，也會產生較高的利得平均值。生態資產組合效應也很類似，某一塊地有越多物種，則無論未來可能有什麼樣的新環境條件出現，至少會有一物種在未來具備更高的機率生存良好，也有更高的機率表現得很好（生態學家稱這種現象為取樣效應）。若多樣化的物種通常有差異很大的生態區位，則資產組合效應可望格外明顯。想像一下兩種情境。在其中一種情境裡有兩種植物物種，其抗旱抗澇的程度僅有細微差異，而在第二種情境中，有一種植物很耐旱，另一種很能承受洪水，則第二種情境下的資產組合效應會最大。

第二種解釋則和競爭有關。這種解釋是假定，若某物種能在新環境條件中生存（無論是何種環境），則該物種不僅能生存，還能掌握其他物種正在利用的資源。我們可以想像這種情況是在兩年的期間發生。在新環境條件出現的第一年，若物種有適合那種環境的正確特徵，則此物種最可能生存。在第二年，這物種生存、繁殖，佔領了其他物種曾生長的土地。不同生態區位但在某種程度上具有競爭性的物種，就像在股票市場中，既投資生產太陽能板的公司，也投資採煤礦的公司。這兩家公司會對經濟與社會變遷有不同反應，但如果一家失敗，則另一家就有機會。由於競爭效應需要較多時間會更明顯，因此對生態系統彈性的影響，會比對抵抗性更大。

2005年，提爾曼終於把多樣化對大樣區穩定性的影響加以比較，這時他已展開實驗十年。他發現，就和過去的實驗一樣，物種較多的樣區即使面臨變化莫測的氣候和其他因素，每年差異仍比較小。[5]在那些樣區中，即使某物種面臨格外嚴苛的困境，但其他物種則不會。某物種消失的影響，能靠更廣泛的物種組合來緩衝。舉例來說，在乾旱的年份，不耐旱的物種會乾枯，但耐旱物種則不會。如果寄生物席捲而來，容易遭受襲擊的物種會死亡，但其他不會。不過，如果樣區只有單一或少量物種，就缺乏這樣的緩衝。有些多樣性低的樣區，確實對某些特定問題有較好的反應（例如在乾旱期間，都是耐旱物種

的樣區），但一般而言會遜色許多。最後，如果嚴苛環境持續
夠久，則競爭就會有影響。舉例來說，耐旱物種就會掌控原本
屬於不耐旱物種的地盤。

　　生態學家做實驗，以求釐清自然中的因果關係。他們在荒
廢的農田與池塘操縱幾項因素，若池塘太大，就改在有藻類和
蝌蚪的兒童泳池，其他條件則保持相同。不須多說，每一種生
態實驗皆是整體世界（亦即宏觀世界）的縮影。生態學家俯視
著迷你的微觀世界，輕微調整環境條件，重新安排現實世界的
片段。之後又後退一步，看看會有什麼結果。如果一切順利，
他們就會運用從這些結果中所得到的見解，以新眼光看待真正
的全世界。同樣地，提爾曼似乎享受在長著草與牧草的方形樣
區做研究、理解其中細節與動態，同時也思索著如何理解更廣
泛的生命世界。他在研究，長滿草的小樣區若較多樣，是不是
也會較穩定。他運用這些研究的結果，預測更具多樣性的完整
棲地或甚至整個國家，是否也更穩定。說到底，前一個問題是
可以回答的，即使激發研究的是第二個問題。通常，前者會變
得包羅萬象，本身猶如一個世界本身；但後者最後都無人討
論，也沒得到更多理解。然而值得注意的是，從某些方式來
看，無論提爾曼的樣區有更多或更少物種，都是一種縮影，反
映著更大的草地、森林或國家。

若把提爾曼的研究規模放大，或許會讓人預測較多樣化的森林較不會受到災難性蟲害的影響。這樣的森林應該較穩定，也有更高的平均生產力。這似乎符合實情，至少日本的溫帶森林是如此。[6]森林多樣性較高的國家，也應該會從那些森林中獲得更穩定的服務，例如水質淨化、授粉與封存大氣層的碳。有多樣化草原的國家，草原封存空氣中的碳能力較不會突然發生變化（有助於舒緩氣候變遷），因此一般來說，可以封存更多碳。[7]然而就目前來看，令人驚訝的是，這些預測鮮少得到驗證；就算得到驗證，通常都是小規模的，僅限於特定棲地類型的小區塊，而不是在各州、各區或各國之間進行驗證。

另一項預測或許對迫在眉睫的未來最重要。提爾曼的研究還提出預測：作物種類較多的國家，較不會出現全國作物產量下滑的問題，以及衍生出對社會的衝擊，換言之，這樣的國家會有抵抗力。若再加上彈性，這樣的國家通常會有較穩定的食物供給。

我們可從提爾曼的樣區研究得到洞見，藉此重新思考全球農業，但這過程不該輕率展開。最好有人先研究作物多樣化對整個國家的農產量有何影響，但截至2019年，沒有人做這項研究。氣候經濟學家可能會進行此類研究。氣候經濟學家已針對氣候變遷對社會的影響，建立起龐大的資料庫。不過這種資料庫中的相關研究（例如第五章提過的項中君之作），往往焦點較狹隘，若不是著眼現代社會的特定元素，例如個別城鎮或甚至建築物，就是著眼於古代社會。古代社會的研究可能用來

驗證作物多樣化與穩定性之間，或是作物多樣化與崩潰之間的
關聯。不過，作物多樣性的數據不易取得，就算取得也容易有
爭議。（我曾枯坐一整個早上，聽人討論一個問題：「馬雅人
到底多依賴玉米？」）不僅如此，在項中君與其他氣候經濟學
家專注的社會，氣候變遷的影響似乎和那些社會的任何詳細情
況都沒有關係。再說一次，若發生氣候變遷，人類的社會就會
吞食苦果。就像我和項中君講電話時，他說：「我們反覆看到
這情況，一個社會位於世界顛峰，但氣候變遷、農業崩潰，於
是社會瓦解。柬埔寨的吳哥窟、中美洲的馬雅人都是如此。」

　　氣候經濟學家對古代社會的研究顯示，氣候變遷相當不
妙。同樣地，若研究起位於高密度人類族群（亦即仰賴農業的
族群）生態棲位邊緣的現代社會，也會看出一樣的結果。表面
上，這樣的研究對作物多樣性的價值並未帶來多少希望，但或
許是古代作物多樣性的影響，在經過這麼久的時間之後很難看
出。或許多樣性確實嘉惠了一些古代社會，讓他們能過上原本
可能無法得到的更好生活，但相對的成就也在時間洪流中淹
沒。

　　既然提爾曼從荒廢地所得到的結果這麼清楚，我們乾脆別
再管過往雲煙，只要把他的洞見在當今的現實社會中實踐就
好。我們可以鼓勵區域、州與國家發展有利於作物更多樣化的
種植系統，以確保作物彈性，這麼一來，也能降低在農業崩潰
之後接踵而至的飢餓、暴力與不穩定風險。不過，要從明尼蘇
達州小小的實驗樣區擴大到全世界，可是大跳躍。在古老荒廢

田野行得通的，未必能在區域行得通，遑論更大規模。

　　所幸在小小的協助之下，提爾曼找到辦法，以更大規模驗證他的想法。當時在加州大學聖塔芭芭拉分校（University of California, Santa Barbara）進行博士後研究的戴爾芬‧雷納（Delphine Renard）和提爾曼合作，以全球規模驗證多樣性─穩定性假說。雷納把焦點放在作物──世界各地的所有作物。

　　研究展開時，雷納先找出各國所種植的作物物種、相對豐富性，以及很重要的資訊──作物產量。特定作物的產量，和提爾曼用來思考荒廢田野的植物、生物量的度量有關，但有點獨特的是，它只專注於人類使用的作物部分──無論是種子穗、果實，或更少食用的莖。雷納在計算任何國家的全國總產量時，是將一個國家的所有作物總收成量（以公斤計），除以該國的耕地面積（以公頃計）。之後，雷納把產量數據轉變成更符合直覺的計量單位──熱量。雷納畫了張地圖，標示著每年各國農民所種植的總熱量，有如在全世界貼上營養標示。

　　除了估計各國每年的產量與熱量之外，雷納也要尋找一些變異數的數據，就像提爾曼在荒廢地耗時多年要測量的數據。不過，雷納的數據並非來自實地考查，而是從國際資料庫取得。她不是幫植物除草，而是把非必需或不太對勁的數據除去。最後，她彙整出50年的數據（1961到2010年），涵蓋91個國家的176種作物物種。這很不容易，但比提爾曼與合作者在雪松溪數十載的實地工作輕鬆些，早該有人這麼做的，但就是沒人做。

雷納的預測是依據提爾曼對荒廢地所做的預測而來。她預測，作物種類較多的國家，在環境出現變化的年份，發生作物損失的情況也較少，換言之，就是對每年氣候與其他方面的變異度較有抵抗力。雷納預測，由於產量下滑的損失較少，因此這些國家會經歷到較少的產量變異，也會更穩定。除了作物多樣性之外，雷納也探討其他幾項會左右每年產量差異的因素所造成的影響。其中一項因素，就是使用多少肥料。另一項則是灌溉程度。她認為，運用肥料可以緩衝每年的環境條件變異，灌溉可能也是如此。

從某方面來說，提爾曼在荒廢地所遇到的問題都是玩具問題（toy problem，譯註：是指缺乏立即重要性的科學問題，但可用來說明複雜問題的特徵）。他掌控這些實驗，賭注也很低。最和他的工作有關的，是其他關注他的生態學家。雷納的分析則很不同。乾旱一直威脅著世界各地的農業，而正如第五章提到，全球糧食危機又成為令人擔憂的新問題。暴力似乎和氣候引起的作物損失有關，尤其是極端氣候。無論雷納的結果為何，都會與數十億人未來的福祉與生存有關。

雷納觀察這些結果時，發現結果出奇清楚。但是要解釋這些數據之前，我得先介紹另一個概念——均勻度（evenness）。先在心中想像一個真正的派，比方說墨西哥萊姆派，它有完美的派皮，餅餡甜甜的，又略帶酸味。現在，把這個派切成十片。以這個類比來說，每一片代表作物物種。如果每一片大小相同，就會均勻。相反地，如果每一塊不同大小，就會不均

圖7.2：2009到2019年，十年間各國各作物種的平均數量。數值較高者以深色顯示，代表種植較多種作物的國家。在本地圖涵蓋的期間與雷納的研究期間，舉例來說，祕魯、葡萄牙、喀麥隆與中國的作物多樣性高。美國與巴西（分別以玉米和大豆為主）的作物多樣性反而很低。繪圖來源：Lauren Nichols 依據 Delphine Renard 的數據而來。

匀。切得最不均匀的派就是其中一塊超級大（幾乎是整個派的大小），其他塊則是細小如絲。雷納在思考一個國家的作物多樣性時，融入了均匀度的概念。她在計算作物多樣性的計量單位不僅考量到農民耕種多少種作物，也考量到均匀度。就稱之為多樣性與均匀度指數吧。雷納的預測是，一個國家的作物如果包含許多物種，且這些物種在其所佔據的土地比例上相對均匀——換言之，就是多樣性與均匀度的指數都很高——那麼這國家最能緩衝乾旱與其他問題。

首先不出意料的是，雷納的結果顯示，國家若能緩衝氣候變異，其中一種方式就是透過灌溉。灌溉較為常見的國家，較能在乾旱的年份獲得緩衝，於是灌溉會繼續有其重要性，尤其要依據即時作物狀況與天氣的數據，以更智慧的方式來完成。數據驅動的給水，似乎是世上聽起來最誘人的問題解決方法，但或許這也是我們祖先對第一個石器所說過的評價。

不過，灌溉並非唯一重要的因子。作物多樣性與均匀度也很重要。作物多樣性與作物均匀度指數高的國家，更可能每年產量較為一致；其產量比較有抵抗力。舉例來說，作物多樣性與均匀度最高的國家，會經歷產量衰退25%以上的情況非常少，約每123年才有一次。相反地，作物多樣性與均匀度低的國家，產量就比較不一致；其產量比較沒有抵抗力，因此也比較不穩定。作物多樣性低的國家，通常每八年就會經歷一次年產量下滑25%以上的情況。重要的是，作物多樣性與均匀度較高、產量較穩定的國家，和平均產量減少無關。多樣性與均匀度較高的國家，可以有較高的年平均產量**及**較高的年穩定性。

關於作物多樣性、作物抵抗性與穩定度，仍有許多我們尚不理解，然而我們卻能夠提出預測。我們不清楚是否有哪幾種的作物多樣性優於其他種作物。然而，在提爾曼的樣區與其他地方完成的研究通常顯示，從最常見的干擾（例如乾旱）耐受度來看，比較可能的是，其中一種欣欣向榮的作物，可望彌補另一種岌岌可危的作物。[8]

我們也不了解相關作物物種的多樣性，以及那些物種的變種多樣性，何者相對重要。釐清這一點很重要，因為雖然許多國家與區域種植的作物物種具有多樣性，[9]但其變種多樣性多半在減少。[10]從荒廢地所得到的洞見顯示，在格外仰賴個別作物來維生的社會（例如撒哈拉以南非洲和熱帶亞洲的木薯），作物變種可能比較重要，然而在居民以多種作物變種當主食，或者作物主要是供出口的地方，作物物種的多樣性可能更重要。

同樣仍屬未知之數的，還有多樣性是否能緩衝各種環境條件的年度差異。或者只是能緩衝其中幾種。具有作物多樣性的國家與區域，是否能緩衝年度降雨與溫度的變異，以及新的害蟲與寄生物的侵襲（逃亡終點）？在提爾曼的樣區中，答案是肯定的。[11]之後，還有其他問題。

雖然在部分區域，近幾十年來的作物物種多樣性是穩定或甚至增加，但不同國家耕種的作物物種與變種，相似度卻比以往提高。有些國家種植多樣的作物，但這些作物和其他國家種植的多樣作物相同。[12]在荒廢地、兒童泳池,以及其他遼闊世界縮影的研究顯示,在此情境下,一個國家很糟的年頭,在許多國家也可能是很糟的年頭。是否真是如此,很難以全球性規模進行研究,必須等待即使種植多種作物的國家也遭殃的壞年頭到來。誰都不希望見到這事,但如果發生,雷納和提爾曼無疑會分析損失與困境形成的模式,在我們更能掌控的生命世界中尋找真相。

我們確實知道的是,擁有作物物種多樣性,會對國家有什麼影響。如果我們認為,未來將會包括好年頭與壞年頭,以及越來越少卻依然難以避免的嚴重乾旱、害蟲及疫病流行,那麼在國家這麼大規模的實驗樣區擴大作物多樣性,則會對我們有利。從其他研究以及農人的知識來看,我們知道,這在比較小的規模也是正確之舉。農夫可受惠於種植更多樣的作物。比方說,如果一塊田種植更多樣的稻米變種,較能抵抗害蟲,產量也比只種植一種更穩定。[13]同樣地,一塊田如果長時間有更多種作物種植(輪種),也比輪種作物較少的田更能抵抗乾旱,因此長期下來也比較穩定。[14]通常來說,多樣性越高,農人管理起來也更困難,有時候會動用更高種植成本,收成時也得面臨額外挑戰。然而隨著氣候日漸多變,出乎意料的作物害蟲與寄生物越來越多,則多樣性的好處將會更重要,成本相對不那麼重要。

烏鴉知道如何在不同背景與條件下,找到不同的食物,因而緩衝了風險。我們的傾向恰好相反:是種植與食用過去生長

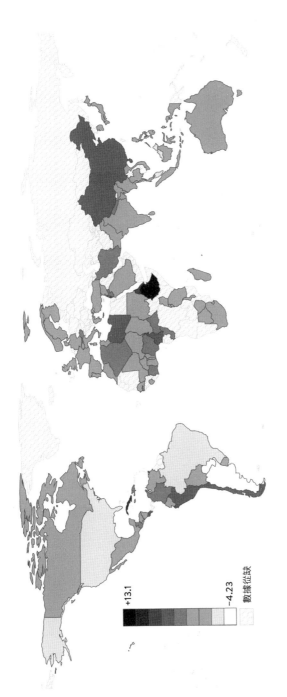

圖 7.3：這張地圖顯示在過去 50 年，各國耕種的作物種數量種變化。顏色較深的國家，是種植的作物種類比過去多，顏色較淺的則是比過去少。以物種的層面來衡量的話，作物多樣性在過去 50 年來，約有半數國家在這些國家，運用作物多樣性來緩解氣候衝擊的能力減弱了。相反地，有些國家的作物多樣性在提升。這些國家包括衣索比亞、加拿大與中國異的數據而來。

繪圖來源：Lauren Nichols 依據 Delphine Renard 的數據而來。

良好，但種類相對較少的作物。但未來和過去不同，會更溫暖，許多地方會更乾燥（雖然在其他地方會更潮濕），氣候也將更多變。在未來，我們最好種植更多樣的食物，這樣即使某年環境特殊，也還是有東西可仰賴。為達到此目標，我們首先需要取得多樣的作物物種與變種，以方便種植。未來的環境越多變與極端，就越需要多樣性。那樣的多樣性需要在農場種植，也需要儲存在種子銀行與其他儲存庫。此外，我們也需要保存作物野生親戚的多樣性，那些親戚或許能幫助人類創造出更多樣的的作物；這或許不是為了今天或明天，卻是為了未來的數百年、數千年或更長久的時間。如果我們要透過多樣性來緩衝風險，則需要保護的不只是植物與其種子。[15] 遠遠不只於此。

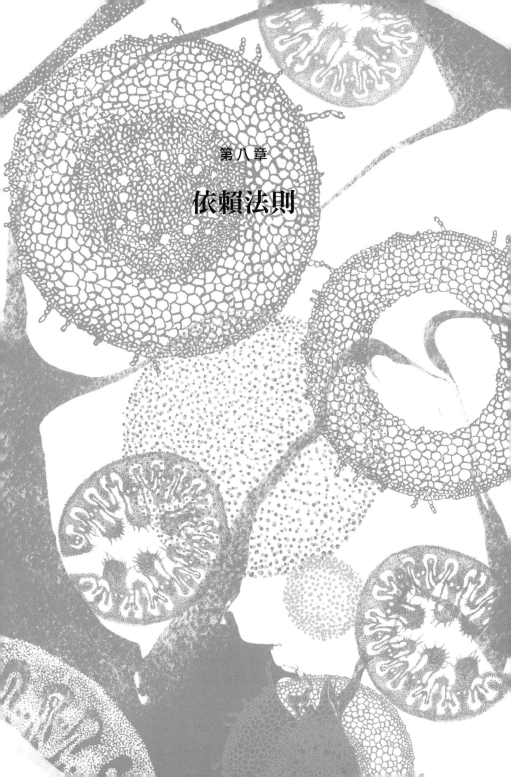

第八章

依賴法則

　　若我們能在接下來的幾個世紀避開全球社會崩潰，那會是因為我們懂得如何重視其他生命，並在了解其他生命的過程中得到洞見。那會是因為我們發現，自己得仰賴其他生物才能生存。我們和自然之間不再有界線，和往昔一般自然狂野。我們的身體——肌膚、肌肉、器官與心智——與自然密不可分。我們是誕生於大自然。若想想剖腹產，就能清楚看出這事實。

　　從人類歷史來看，剖腹產算是相當古早以前就出現，據說可追溯回西元前300年，亦即兩千三百年前。但正如人類的一切發明，若以更廣的生命故事來看，剖腹產則是非常新近的產物。從兩億五千萬年前哺乳類出現，到第一次剖腹產之間，我們的祖先全都是透過陰道自然產而誕生於世。

　　最早的剖腹產幾乎都是從死亡或瀕死的母親身上把嬰兒取出。舉例來說，孔雀王朝（位於今天印度）的第二任皇帝之母，就因為攝取到毒藥，在即將臨盆之際瀕死，據說她就是經歷剖腹產，才挽救了嬰兒。嬰兒生存下來，日後成為帝王，但母親沒能活下來。接下來幾個世紀，剖腹產多是出於差不多的情況，只是未必總在王室。直到20世紀初，剖腹產才成為常見的醫療過程，是可能母子均安的常見手續。

　　時至今日，每天都有人剖腹產，以挽救嬰兒、母親或母子雙方的生命。然而，剖腹產也成為分娩時可供選擇的程序。正是因為可選擇，剖腹產才變得稀鬆平常。在美國，1970年代靠著剖腹產誕生的嬰兒佔5%，而今天則佔三分之一。[1] 其他三分之二的寶寶當然還是走老派路線誕生。之後，兩組人都會繼續踏上人生之路。但是早在1987年就開始有人發現，透過剖腹產出生的寶寶和自然產的寶寶是不同的，有時差異甚大。[2]部分差異是來自其人體微生物。人體微生物是我們身體的一部分，就像蜜蜂是農場的一部分；自然的人體就會有微生物。然而，就像農場的蜜蜂會不見，我們身體的微生物也可能消失，後果可能會很嚴重。

　　早在一個多世紀以前，我們就知道人體微生物的重要性。但我們對人體微生物的了解，起初多是透過研究白蟻而來。白蟻和人類一樣是社會性動物，就像活在君主制社會的人類，有蟻后與蟻王。但是和人類不同的是，蟻后確實要負責產下一顆顆蟲卵，生下整個帝國。

　　到19世紀晚期，人類已知道部分白蟻物種會仰賴腸道的生物，才能消化木頭（尤其是木頭中的纖維素與半纖維素）。約瑟夫・萊迪（Joseph Leidy）是美國古生物學家與微生物學家先驅，豁然剖開黃肢散白蟻（*Reticulitermes flavipes*），這種白蟻在北美大部分地區很常見。他觀察到這些白蟻「會沿著石頭下方的通道漫走」，於是他「很好奇，在這些情況下，它們吃的食物究竟具有何種性質」。他在顯微鏡下，解剖一隻白蟻的腸道。他當時如此描述：

我觀察到，白蟻小小的腸道內有棕色的東西……那是半液態的食物，但令我大感驚訝的是，裡頭含有大量寄生物，數量遠遠超過真正的食物。反覆檢驗後發現，每隻白蟻體內都有相同的寄生物世界，其數量、種類與型態令人驚奇。

萊迪稱這些生命型態為「寄生物」，但他明白，這些東西可能帶來好處。他認為這些寄生物相當美麗，於是和妻子畫下這些東西，那時的心情只能以愛來形容。他也認為，許多動物可能和白蟻一樣，身上住著其他物種。他甚至說：「有些動物被五花八門的寄生物感染，並習以為常，宛如日常狀態。」[3]

現在大家知道，白蟻是從古蟑螂演化而來。根據假設，白蟻是一種古代蟑螂開始在圓木裡生存後演化而成。最早的白蟻就住在圓木中，以這些圓木為食。這些白蟻能這樣做，部分原因是依賴其腸道內的單細胞有機體「原生生物」（protist）。在白蟻體內，這些原生生物會進行白蟻無法自行完成的消化過程。之後，原生生物還在白蟻體內時，會分泌出白蟻可以更快消化的化合物。

除此之外，從微生物的觀點來看（包括原生生物及其他有機體，例如細菌），白蟻也提供住處與交通，及一點膳食。白蟻是昆蟲版的餐車與民宿合體。白蟻會把這些微生物從一個地方帶到另一個地方,並持續供給它們咀嚼過的食物。對白蟻來說,微生物是必需品。少了微生物,白蟻就不能吃木頭;少了微生物,白蟻就只是有大家族的蟑螂。少了正確的微生物,白蟻會餓到升天,必死無疑。因此白蟻一定有辦法,能穩當取得其所需的微生物。

一旦研究者很清楚白蟻需要特定微生物之後,不久就開始好奇,寶寶白蟻如何取得那些微生物。要回答這問題可是大挑戰,沒表面上那麼容易,因為白蟻出生不只一次。白蟻是蟻后產下的卵孵化的,之後靠著蛻皮過程而成長,原本的外骨骼會霧化,變成透明,之後從中破殼而出,過去的自我沿著縫隙破裂。它們一再蛻皮,但並不像毛毛蟲蛻變成蝴蝶,而是從小白蟻變成大一點的白蟻,每次蛻皮都是重生。這蛻皮的重生過程中有個問題:在蛻皮後,白蟻之前的微生物都被褪去。在每次蛻皮後,白蟻必須取得新的微生物。

白蟻需要用來執行日常生活機能的生物會反覆消失,這些生物就代表一種迷你的生態系統。而白蟻應對這些生物消失的方法,就是分享。有微生物的白蟻會把部分微生物分享給缺乏微生物的白蟻,方法是提供後腸液(一種特殊、富含微生物的排泄液體),供其攝取。白蟻群體若很小,這種奇特的供給形式就專由蟻王和蟻后擔綱。這種肛道(proctodeal,從拉丁文的「肛門」〔procto〕與「口」〔odeal〕)餵食似乎令人反胃,但這儀式維繫著白蟻社會,並補充其消化食物的能力,否則白蟻無法分解食物。此餵食方式是生物學家稱為「垂直繼承」的稍複雜版本。白蟻垂直繼承其基因（親代傳遞基因給它們，而它們又傳遞給子代）。和垂直繼承相對的，則是水平繼承，意指動物從周遭環境或從家族外的個體取得微生物（或基因，但那不是在此的討論焦點）。研究人員認為，傳遞微生物的能力與需求，是促成白蟻開始具有社會性的部分原因，因此和蟑螂不同。白蟻需要周圍有其他白蟻存在，即使到了晚年也一樣，這樣才能重新取得微生物。所以它們需要成為龐大群體中的一員，也就是大家族、群落或王國的一員。然而，即使我們在很久以前就了解白蟻及其社會對特定微生物的仰賴，卻往往忽略人類可能也是如此。

　　忽略人類依賴微生物的傾向，是錯誤的。人類需仰賴微生物才能生存，依賴程度和白蟻不相上下。比如說，我們需要靠微生物才能發展免疫系統、消化食物、取得某些維生素，也才能建立起對抗寄生物的防衛層。人體內的微生物細胞比人體細胞還要多，但人類或任何靈長類動物如何取得微生物，一直是個謎。

　　關於人體微生物起源，其中一項線索是來自野生靈長類的微生物群系研究，例如黑猩猩或狒狒。比方說，我和合作者研究過遍及非洲的32種不同黑猩猩野生族群。能做到這一點，得感謝德國萊比錫馬克斯・普朗克演化人類學研究所主導的泛非洲黑猩猩計畫（PanAf，譯註：此為簡稱，全文為 Pan African Chimpanzee Project）。這項計畫是運用相機陷阱（譯註：有自動感應裝置的相機），拍攝黑猩猩及其行為。在相機觀察到黑猩猩的地方，研究者會在黑猩猩離開之後，收集黑猩猩的排泄物。後來，經過一連串的中間程續，我的實驗室最後會得到從那些樣本分離出的DNA（之後樣本又交給另一個實驗室）。我們發現，從黑猩猩糞便中會找到何種微生物，是黑猩猩所屬的族群與支系所產生的函數。此外，如果兩個黑猩猩族群相距越遠，微生物就越不同。黑猩猩本身的微生物不只受到其所屬的族群與地理位置影響，然而，其所屬的族群似乎對其微生物具有主導性影響。我們的結果和合作者貝絲・亞齊（Beth Archie）的結果相當類似。貝絲是聖母大學（Notre Dame University）的教授，曾與其他研究人員合作，探究肯亞安博塞利國家公園（Amboseli National Park）園區內與附近的48隻狒狒。他們發現，不同族群的狒狒有不同特徵的微生物（和我們研究的黑猩猩結果一樣），甚至在族群中，互動較多的個體也會有較多相同的微生物。[4]

在群體內，黑猩猩或狒狒身上的微生物相似度，有兩個很有趣的層面。其中之一，就是幫群體內的個體提供潛在優勢。當個體取得社會群體的微生物，比較可能取得的是從群體飲食、環境甚至基因來看，最有效的微生物。正如亞齊指出，個體的微生物就算不完全專屬於當地環境，至少也會比遙遠社會群體中的個體更符合當地環境。[5]

　　但在另一個層面，靈長類群體中微生物的類似度，會和最初如何取得那些微生物有關，例如來自分享食物、社交互動（例如理毛），或甚至和白蟻一樣，吃彼此的糞便。此外，也可能是在生命更早期發生，亦即混亂的誕生過程。若是如此，則可預期寶寶的微生物會和母親的相符，而不是父親或其他聚落中的成員。

　　因此，只要人類祖先的生活，長期以來就和現代狒狒與黑猩猩的生活類似，則人類祖先取得的微生物很可能和現代狒狒與黑猩猩差不多。若果真如此，人類微生物群系的研究，或許解釋的不光是人類的情況，而是適用於更廣泛的靈長類如何取得微生物（雖然這過程在各個靈長類物種也可能不同）。以人類來說，我們可以提出一些具體預測，並加以驗證。如果微生物是從社會環境中的多樣來源取得，那麼任何寶寶（或成人）的微生物，就會是出生、早期飲食、社會網路等等細節的複變函數。微生物應該很難預測。但另一方面，如果微生物是在生產過程中取得的，那麼自然產嬰兒身上具有的微生物，不僅應和整體社會群體相符，更會和母親一樣。可想而知，剖腹產的嬰兒會有來自其他來源的微生物，會比較多變異。

　　關於自然產與剖腹產嬰兒的微生物差異，近年來最知名的研究之一，是由瑪麗亞‧格洛莉亞‧多明格斯—貝洛（Maria Gloria Dominguez-Bello）所主導。多明格斯—貝洛在委內瑞拉長大，後來到蘇格蘭攻讀博士學位。之後，她回到故鄉，在委內瑞拉科學研究所（Venezuelan Institute for Scientific Research）任職。在這研究所，多明格斯—貝洛花了超過十年的時間，探索在動物腸道中生存的小生物世界。多明格斯—貝洛展開職業生涯時，關於脊椎生物腸道的微生物研究，多半著重在人類馴養的動物。多明格斯—貝洛的部分研究延續這傳統，以綿羊與牛為對象，或說綿羊與牛**體內**的生物為對象。不過，多明格斯—貝洛也開始研究其他物種的腸道，也就是在故鄉委內瑞拉森林裡的物種：三趾樹懶、看門蟻、水豚，幾種較小的齧齒類動物。之後還研究起麝雉，於是麝雉成為她的重心。她的研究

圖8.1：麝雉在樹枝上的姿態，其腸道或許滿是不易消化的植物物質，但無疑充滿多樣化的細菌，能代謝那些植物。
攝影者：Fabian Michelangeli。

成為充滿驚奇的計畫，目標是了解微小隱密的生命形態及這些生物的本事。沒有動物的腸道能免於她探查，但大約有十年，麝雉格外引起她的注意。

麝雉是南美洲熱帶地區的鳥類，有高高尖尖的「頭髮」、藍色眼影搭上火紅雙眸、尾巴尖端呈金黃，翅膀邊緣則是酒紅色。麝雉貴氣高雅，還兼具搖滾風。不過它最奇特之處並非驚人的外表，而是和其他鳥類不同，會吃大量新鮮葉子，並運用其演化出的獨特腸道，讓葉子發酵。麝雉的腸道充滿微生物，可分解葉子的物質（和白蟻腸道的微生物運作很像），同時去除這些物質的毒性。多明格斯—貝洛在1980年代晚期開始研究起麝雉，當時她還在攻讀博士學位。她和學生與合作者會繼續發表十幾篇報告，討論麝雉及其獨特的腸道生態。她開始了解麝雉的腸道生態，就像其他人了解脊椎動物的生態那樣。

多明格斯—貝洛的職涯原本可能就這樣延續下去，慢慢掀起自然簾幕，透露出農場和雨林動物腸道的奇妙。但後來，烏戈·查維茲（Hugo Chávez，譯註：1954-2013，委內瑞拉前總統，是左翼政治人物，有強烈反美色彩。）在委內瑞拉掌權，嚴苛的政權影響到委內瑞拉的日常生活與科學生活。多明格斯—貝洛離開祖國，到波多黎各大學謀得新職。她來到離家遙遠的島上任職，面臨該研究什麼的新選擇，於是決定要更仔細思考人類腸道。她研究過人類腸道，曾和合作者最早證明住在胃裡的幽門螺旋桿菌（*Helicobacter pylori*），是跟著從亞洲前來的第一批美洲原住民抵達美洲。（他們在前來美洲的旅途中，躲過了一些寄生物與其他附屬在身體上的東西，但就是沒躲過幽門桿菌。）現在，她會特別把焦點專注在人類，同時也悄悄進行幾項關於麝雉的計畫。在這轉換過程中，多明格斯—貝洛起了好奇心，想知道嬰兒如何得到所需的微生物。

後來，在波多黎各的多明格斯—貝洛開始思考，把研究目標放在更詳細了解剛出生的脊椎動物如何獲得必需的微生物。她構想出兩個研究方向。其中一個是以她喜愛的麝雉為焦點；這會是她心中最重要的個人計畫。多明格斯—貝洛和斐莉帕·高德伊—維多利諾（Filipa Godoy-Vitorino）合作，把不同齡的小麝雉身上的微生物，和其母親嗉囊相比較。她能證明，有些麝雉珍貴的微生物可以分享，傳給下一代，就像白蟻那樣。麝雉母鳥從嗉囊反芻食物來餵養小鳥時，那些食物就含有部分母鳥的微生物。而鳥寶寶長大，顯然也能從食物中取得更多微生物，亦即從攝食的葉子表面上所取得的微生物，長期下來，微生物會讓它們腸道越來越豐富。[6]第二個研究方向的焦點則不在麝雉身上，而是人類。

多明格斯—貝洛決定把研究對象放到母親與新生兒身上，比較自然產和剖腹產寶寶的身體微生物有何不同，尤其著眼於寶寶身體的微生物和母親相符合的程度。關於這一點，她認為生產這動作本身即為傳遞微生物的關鍵。多明格斯—貝洛表示，或許自然產的寶寶通常會從母親的陰道、皮膚或分娩時的排泄物中，取得必須的微生物。

早在1885年，人們就知道自然產的寶寶會多多少少攝取與吸入到一些微生物，也知道寶寶能透過肛門，「裝載」（onboard）微生物——這是科學家的用語。[7]這些裝載的微生物可能來自母親。此外，人們也發現，新生兒可能從周遭環境裝載更多微生物（雖然大部分來說，可能很低量），例如來自其他生產協助者。科學家知道這些過程在發生，只是不知其重要性。他們不知道這是否即為寶寶取得所需微生物，以保持健康的過程關鍵。多明格斯—貝洛想研究人類的微生物與生產。這是長期計畫。不過，研究人類比研究麝雉需要更多規劃，於是這項計畫就停留在規劃階段，裹足不前。後來，機會以交通運輸問題為幌子，從天而降。

多明格斯—貝洛在委內瑞拉的亞馬遜州（Amazonas State）完成實地研究之後，得搭乘直升機離開。過了幾天，又過了幾個星期，直升機就是不來。她決定利用這次受困的「機會」，研究剖腹產與自然產的寶寶。她靠著所主導的另一項研究，已獲得所需的許可，現在只差阿亞庫喬港（Puerto Ayacucho）當地醫院的許可就行。結果她很快獲得准許。她掌握了文件，而直升機又不見蹤影，多明格斯—貝洛乾脆招募起母親，這些母親允許她和合作者從她們身上，以及剛出生的寶寶身上收集微生物。在研究進行時，要招募到願意參與的家庭很不容易，要辨識個別樣本的微生物耗費甚高。多明格斯—貝洛與合作者遂決定，研究少數幾個寶寶就好：其中四個經由自然產，六個經由剖腹產誕生。研究者從這些寶寶的母親們身上，以拭子取下皮膚微生物、口部微生物，以及陰道微生物。研究人員又從新生兒身上取得皮膚、口腔、鼻腔與糞便中的微生物。[8]

　　多明格斯—貝洛和同事一辨識出拭子上的微生物，就發現自然產的寶寶通常有較多與陰道相關的微生物群系。不僅如此，個別新生兒的微生物通常和母親的相符合。有兩名母親的陰道微生物群系是以乳酸桿菌為主，她們的寶寶也是。有個母親陰道的微生物群系有比較多普雷沃氏菌（Prevotella，通常也出現在腸道），她的寶寶也是。第四名母親有許多不同支系的腸道微生物，她的寶寶也是。這就像在白蟻、麝雉與大自然其他地方會出現的情況。

　　但是多明格斯—貝洛在檢視剖腹產的寶寶時，卻發現不同情況。剖腹產的寶寶在誕生時所具有的微生物，顯然和自然產的寶寶不同。他們的微生物通常會包括在皮膚上找得到的微生物種，而不是在體內找到的物種。此外，他們也沒反映出母子傳遞過程的表徵。這些微生物不僅和寶寶的母親或家族群體不同，在某些剖腹產寶寶的案例中，其微生物甚至不是一般在人類身上能找到的。後續的研究顯示，那些微生物只在其他剖腹產寶寶身上會出現。

　　多明格斯—貝洛針對新生兒的初始研究只以少數母子為對象。它有點類似萊迪早期對白蟻的研究，是受好奇心與驚奇驅動的自然史。而正是這種自然史，促成了寶寶如何取得微生物群系的研究躍升主流。麝雉生態學家提醒醫學界，我們不能把自己和蒙田稱的「所有其他生物」分離。[9]我們和其他生物以兩種方式連結。第一，我們和白蟻、麝雉與其他動物的類似之處，多得超乎想像。第二，如果不考量對其他物種（包括微生物）的仰賴，我們沒辦法健健康康。

多明格斯—貝洛針對母親與嬰兒的第一份報告結果，在後續研究者的努力之下更加精進。如今我們已知，廣義而言，她的研究結果是普遍存在的。整體來說，自然產的寶寶通常會從母親取得微生物，有助於寶寶建立起健康的腸道微生物群系。透過剖腹產出生的寶寶，則是從其他地方取得腸道微生物群系，也可能產生聽起來很厲害的菌叢失調（dysbiosis），這是指腸道生態群落崩潰的狀況，會造成林林總總的負面影響。後續研究會改變我們對究竟有多少微生物是母親透過自然產傳給寶寶，以及在透過分娩時的排泄物把多少微生物傳給寶寶的理解。卡洛琳‧米契爾（Caroline Mitchell）近年在麻省總醫院所主導的研究發現，自然產的寶寶身上找不太到能確認為陰道微生物的證據。研究反而發現強大證據，證明寶寶在生產時會從母親排泄物中得到的微生物。米契爾很有說服力地指出，在生產過程中取得微生物的關鍵元素，或許不光是寶寶取得這些微生物，而是取得夠大量，足以勝出其他物種。[10]此外，其他研究顯示，別的因素也可能影響微生物的取得，或在稍後的人生出現微生物組成的變化，也可影響寶寶的微生物群系。這些因素包括餵母乳，這可能有助於支持從母親取得的微生物，或整體而言，從健康人類身上取得的微生物群系。使用抗生素也是會造成影響的因素，無論是母親在生產前或寶寶誕生後服用，往往會讓微生物群系失衡，並讓不那麼好的微生物移生。

這些影響可延續至幼年甚至成年時期。

我們也得知，剖腹產的寶寶最初的人體微生物多半來自何方。那些微生物會來自母親、護理師、醫師的皮膚，也來自產房的空氣與任何表面，這些地方有不尋常的微生物，可能有致病能力，細菌也可能帶有和抗藥性有關的基因。不僅如此，科學家似乎也搞清楚為何有些剖腹產的寶寶有正常的腸道微生物，但其他則沒有。有些剖腹產的寶寶恰好攝取到環境中來自他方的排泄物，例如來自狗[11]、泥土，以及任何找得到微生物的地方。這麼一來，他們就能取得所需的微生物。但這種隨機提取必需微生物的作法有其限制，至少在人類身上是如此。隨著寶寶年紀增長，要取得新的腸道微生物也益發困難，因為新微生物必須和已存在的微生物競爭，也因為人類的胃部在出生時為中性，但第一年就會變酸，和紅頭美洲鷲的胃部一樣酸。[12]此外，個體越晚取得健康的微生物群系，就越不容易在發育階段的最初關鍵幾週、幾個月與幾年得到所需物種。

現在已有幾十篇研究是延續多明格斯—貝洛的研究而來，雖然結論的細節有所不同，但至少有這五點共識：

1. 自然產的寶寶會從母親身上，取得許多皮膚、陰道與排泄物的微生物物種。有時候，移生到寶寶身上的微生物幾乎與母親的一模一樣，其他時候則不那麼一致。米契爾與同事發現，在九個可供分析的家庭中，有八個家庭有類桿菌屬的菌株，這是人類腸道微生物群落的主力，並確實符合母親身上的微生物。

2. 剖腹產的寶寶通常會從病房及病房裡的東西，取得其腸道、皮膚與其他微生物群系。

3. 對剖腹產與自然產的寶寶來說，其他微生物都會繼續在生命的頭一兩年，於腸道建立起來，這個過程牽涉到物種的延續，及多樣性漸漸增加，而其精確的構成會受到嬰兒時期的飲食改變影響。

4. 若以協助寶寶良好發育的觀點來看，從病房取得微生物，效果遠不如從母親身上取得的必須微生物。

5. 最後，剖腹產的寶寶如果接觸到母親陰道或排泄物的微生物，則可取得健康的腸道微生物群系，或至少所取得的微生物群系和自然產的寶寶相當。

剖腹產的寶寶沒接觸到母親的微生物，究竟可能有什麼問題？基本上，和缺乏適當微生物有關的任何問題，剖腹產的寶寶都可能得面對。這些問題包括多種非傳染性疾病風險較高，包括過敏、氣喘、乳糜瀉、肥胖、第一型糖尿病與高血壓。[13] 剖腹產的寶寶也可能面臨較高的各種感染風險（雖然尚未經過驗證），因為他們自己的微生物較不具防護力，不足以保護他們免於寄生物傷害，也因為他們在出生時所得到的部分物種就是寄生物。

這些問題會這麼多樣，部分原因是人體腸道與身上的微生物相似度，會影響身體運作的幾乎每個層面。微生物並非身體之鎖的一把鑰匙。這是錯誤的比喻。身體沒有一道單一的鎖，而是有數百道鎖，以數百種甚至數千種方式與背景，與我們的身體互動。個別微生物物種或許扮演不只一種角色，因此不只吻合一種鎖。而一個角色或許也有不只一種微生物可扮演。哪個微生物鑰匙會吻合這道鎖，端視於其他出現在身上與體內的其他物種。這一切表示情況實在相當複雜。但同樣重要的是，我們天真無知。多數存活在人體內與人體身上的物種，都尚未得到詳細研究，即使已住在我們的體內、體表與伴隨著我們數百萬年。我們才剛踏上理解之路，因此要以任何特殊疾病來辨識究竟問題何在，並不是容易的事。

我們的體內與身上會需要數百種，甚至數千種其他物種，才能確保繁盛生存。從這一點來看，我們很平凡。所有動物物種都仰賴其他物種。這就是依賴法則。不過，動物也需要設法取得所需物種，尤其是其所需的微生物。對某些動物物種來說，於日常環境遇見的微生物或許就能滿足需求。舉例來說，生態學家托賓‧漢莫（Tobin Hammer）近年證明，毛毛蟲腸道的微生物通常是攝取自它吃的植物。同樣地，狒狒似乎比人類更能在出生後從朋友身上，獲得腸道微生物。但是對許多動物物種而言，環境中的微生物並不夠，因此需要某種繼承。

白蟻會以類似垂直繼承的方式取得微生物，即使必須要時時補充。就算母親在很遠的地方，也可以由近親把微生物傳遞給家族。不是只有白蟻如此。許多會仰賴特殊微生物的動物物種已演化出特殊方式，來傳遞微生物。有些甲蟲物種在體外有特殊的微生物「口袋」。切葉蟻在類似下巴的部位帶著一個囊袋，裡頭裝著真菌。有些昆蟲物種（其實很多）會進一步確保必須的微生物有傳遞給子代。比方說，巨山蟻會仰賴由母親傳給女兒的細菌，代代相傳，產生其所需的部分維生素。那些細菌當中，至少有一種被巨山蟻安頓在腸道內的特殊細胞中。這細菌就位於蟻細胞內，與蟻的身體整合，並由位於卵中的螞蟻寶寶繼承。[14]現在它成了螞蟻身體的一部分，成為卵的一部分，但依然是分離。環境對螞蟻來說不會太熱，對細菌來說卻太熱了，會奪去細菌的生命。[15]但過一陣子，兩者不再是整體之後，螞蟻也緩緩死去。

在思考未來時，其中一項挑戰是需要找個辦法，繼續把我們所需的物種傳給未來世代。然而，需要傳遞下去的資產，不光只有身體的微生物。母親傳給孩子的微生物，只不過是需傳遞的一小部分。我們也繼承了對於許多物種的依賴。巴里‧洛佩茲在描寫狼的時候，曾說狼「被細細的線，與它所穿梭的森林相繫」。[16]我們也與絕大部分的生物界相繫，而人類是在這世界上穿梭的一部分。不妨想像極端場景，以突顯出較平凡場景的現實。想像人類可以殖民火星。先前討論過的這種殖民場景，其中有兩個可能性。第一是我們可運用類似巨大太空站的設備來殖民火星；第二種可能性則是，運用多樣的微生物來改造火星大氣層，使之更像地球，這樣我們就能殖民。對人類來說，這兩種場景都像是重生，起碼也像是蛻皮。我的意思是，我們必須帶著所需的物種，才能生存下去。這項任務的難度，遠超過那物種在地球上所投入的任何任務。切葉蟻的蟻后飛去開創新的殖民地時，會帶著真菌類，其後裔能在收集的葉子上種植這種真菌，但它不需要帶著會長出葉子的植物。我們會需要帶著植物，還有更多東西。

我們會需要帶著微生物，它們要能分解人類廢棄物，及能分解我們在紅色星球設立的任何工業所產生的廢物。目前在國際太空站尚未做到這一點，太空人會把廢棄物、糞便等諸如此類的東西打包好，帶回地球，就像一絲不苟的露營客。我們得帶上必需物種，生產人類要吃的食物。從個人來看，我們一年會攝取數百種或甚至數千種物種。而以整體人類來看，人類攝取甚至數十萬種物種，以及更多的變種（舉例來說，斯瓦爾巴全球種子庫〔Svalbard Global Seed Vault〕就收藏近百萬種作物種子的變種）。此外，這些作物的葉子和根部，都會仰賴其所需要的微生物。如果少了微生物，許多作物物種（甚至絕大多數）是無法繁茂生長的。我們只能指望作物的寄生物與害蟲不會登上火星，但或許只是癡心妄想。如果那些東西真的登上火星了，我們必須能掌控，而在地球，最好的掌控方式就是運用害蟲與寄生物的天敵。列表沒完沒了，但還有其他的事要注意。

我們可以預期自己今天的需求，卻無法預期未來的需求。因此，最好的方法是在手邊保留所有可能會需要的物種（並帶著這些物種進入未來）。近藤麻理惠或許會建議，要保持家裡整潔，別囤積一堆東西。不過，她只是為我們此生的住宅給予建議。我們還需要思考世界，思考更長遠的未來。這樣一來，就需要保有今天為我們服務的物種，也要保護未來可能提供我們某種服務的物種。這是我們最終的挑戰。白蟻能把幾項珍視的原生生物與細菌代代相傳，而我們也應該把一切傳遞下去，包括今天需要的物種（這只是我們夠了解，才有辦法列舉的）、明天需要的物種，以及在遙遠的未來、變化多端的世界可能需要的物種。[17]

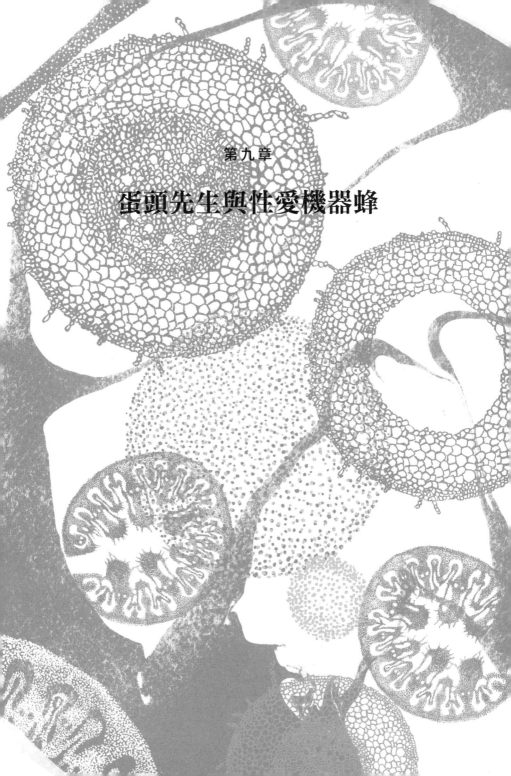

第九章

蛋頭先生與性愛機器蜂

　　我和妻子在康乃狄克大學就讀研究所時，過著勤儉持家的生活。要是經濟上有餘裕，就會買機票到尼加拉瓜與玻利維亞，進行各自的研究計畫。因此，有天家中吸塵器壞了，我就自己修。乍看之下，這樣解決比較便宜。我三兩下就拆解吸塵器，也看出是哪裡故障。不過，在設法拆下這出問題的零件時，卻弄壞了另一個零件。幸而我們當時在康州威利曼蒂克（Willimantic）的住家附近就有販售吸塵器零件與維修的商店。我買了必需零件就回家，只是，就算掌握所有的零件，還是沒辦法再把吸塵器組裝回來。我這次嘗試失敗，吸塵器固然會吸入空氣，卻會發出類似廚房廚餘處理機的聲音。我認了，準備把吸塵器送回店裡修，於是先把機器拆解，放到桶裡。店老闆一看桶子，不算太大聲嚷嚷地說：「哪個白痴會妄想把這東西組合回來？」為了保住面子，我把錯怪到鄰居頭上，於是老闆說：「你得告訴鄰居，把東西拆掉比組合回來簡單多了。」他大可以再加一句：「何況你不是專家。」於是，我買了一台新的吸塵器。

　　把東西拆掉簡單，組合回來或從零重新打造可沒那麼容易；這道理不僅適用於吸塵器，也適用於生態系統。這是很簡單的觀念，幾乎無法進階到規則的層次，更遑論成為法則。比方說，它沒有物種面積法則那麼嚴謹，也不像厄文法則那麼直接是我們感知的函數。它也不像依賴法則那樣舉世共通，然而造成的影響卻很巨大。不妨想想自來水。

　　脊椎動物拖著大大的肚子上岸後，最初的三億年會從河流、池塘、湖泊與湧泉飲水。這些地方的水多半安全,但也有些罕見的例外。舉例來說,河狸壩下游的水常含有梨形鞭毛蟲屬(giardia)的寄生蟲。這種寄生蟲是住在河狸體內,而河狸在無意間把它「貢獻」到水中。換言之,河狸污染了其所掌控的用水系統。[1]但只要不喝河狸聚落下游的水就好,大部分水域中鮮少有寄生蟲,不太會引發許多其他衛生問題。接下來,我們把時間大幅快轉,來到不久前人類於美索不達米亞等地居住,形成大型群落的時代。這時,他們開始污染自己的供水系統,包括受到人類的糞便,或是馴養的動物(牛、山羊或綿羊)所排出的糞便污染。

在早期的聚落,人類「破壞」長年仰賴的用水系統。在發生文化變遷,形成大型都會中心(例如美索不達米亞)之前,水中的寄生蟲會因為敵不過與水中的其他生物競爭,或遭更大的生物掠食而被清除。多數寄生物會被沖到下游,因而被稀釋、曬死、在競爭中敗退或被吃掉。這過程會在湖泊與河流發生,也會在地下發生,亦即水滲透土壤,進入深處的地下水層(長久以來,掘井就是會掘入這種地下水層)。但後來,隨著人類族群增加,其所仰賴的水也含有更多寄生物,超出自然的處理範圍。水受到寄生物污染,每當有人啜飲就會攝取到。自然供水系統遭到破壞。

起初,人類社會對受到破壞的情況有兩種回應方式。在知道微生物存在以前,有些社會早已知道糞便污染與疾病有關,因此會設法避免污染。許多地方的做法是運用水管,把遙遠地區的水引入城市。此外，也可運用更成熟的方式，處理排泄物。舉例來說，在古代美索不達米亞平原就有廁所存在。那時的人相信，魔鬼就住在廁所中，或許這就未卜先知，把糞口寄生物理解為微生物惡魔（然而有跡象顯示，有些人喜歡在露天處排便）。[2] 不過更廣泛而言，能成功控制任何糞口寄生物的方法都是例外。這種情況從西元前4000年到19世紀晚期延續了數千年，在不同地區與文化，人們吃了大大小小的苦頭，但往往不確定原因何在。直到19世紀晚期，倫敦有人發現受污染的水與疾病之間有關連存在，而這場在倫敦爆發的疫病，即是我們今天所知的霍亂大流行。只是在當時，這項發現起初也受到質疑（糞口寄生物今天仍是世上許多人類族群會面臨的問題），還要過個幾十年，才有人觀察、命名與研究那次污染真正的罪魁禍首──霍亂弧菌（*Vibrio cholerae*）。

　　大家一明白糞便污染可能導致疾病之後，就執行起解決方案，把都會的排泄物水流與飲用水分離。舉例來說，倫敦的廢水就會和居民飲用的水分開。如果你對人類的聰明才智曾感到沾沾自喜，那可要記住這個故事與其中的教訓──換言之，從最早的城市有人開始認為水中的排泄物會致病，到此時已過了約九千年。

　　在有些區域，城市周圍的生態系統受到保護，因此人類可以繼續仰賴森林、湖泊、地下水層所進行的生態過程，讓水中的寄生物受到控制。群落會在生態學家所稱的流域（watershed）保留自然生態，亦即水在流向某終點時所流經的土地區域。在自然流域中，水會在樹葉間沿著樹幹流下，進入泥土，也會在石間、沿著河流流動，最後進入湖泊與地下水層。在某些地方，流域保育是偶然或不經意之舉，是城市發展過程的特質所造成。在其他地方，這是城市與鋪設管線取水的水源之間的距離所造成。基本上，從很遠的地方取水就能確保水質安全。有些地方則是砸下重資在保育方案，確保能保護城市周圍的森林，紐約市就是一例。[3] 在上述所有情境下，人都能受惠於荒野自然控制著寄生物的服務，但也往往不知道自己在受惠。

　　有些幸運的區域，能保有完整的自然服務，這樣就足以或差不多可確保飲水中沒有寄生物。然而比較常見的情況是，城市所仰賴的水源並未獲得充分保育，或者自然水系統受到的污染與破壞規模太大，森林、河流與湖泊難以發揮保護功用。人類族群成長的大加速與都市化，許多河流、池塘與地下水層控制寄生物的能力都受到「破壞」。另一方面，負責不同都會供水系統的人，他們會決定水需要大規模處理，提供沒有寄生物的水給都會的大量人口。

　　20世紀初，水處理設施開始發展，其所採用的多種技術乃是模仿自然的水系統。然而，水處理設施的做法相對粗糙，以濾池取代在沙石間的移動，並以殺菌劑（例如氯）取代河流、湖泊與地下水層中的競爭與掠食。等到水來到住宅時，寄生物已經沒了，大部分的氯多已蒸發。這過程挽救了數以百萬計的生命，對世界上大部分地區來說，依然是最實際的作法。我們許多用水系統（尤其是都會水處理系統）現在也受到太多污染，因此不能飲用未經處理的水。在這種情況下，我們沒有多少選擇，只能處理水，設法再讓它變安全。

近年來，我的合作者諾亞·菲爾（Noah Fierer）率領一大群研究人員（包括我）進行一項計畫。要比較水裡的微生物，其中一部分是從天然未處理的地下水層所取得的自來水（例如取自家中井水），另一部分的水則來自水處理廠。我們把焦點放在一群稱為非結核分枝桿菌（nontuberculous mycobacteria）的有機體。顧名思義，它和導致結核病的細菌有親緣，也和導致痲瘋病的細菌有關。這些細菌不如任何一種寄生物危險，然而也不是無害。在美國與幾個其他國家，與非結核分枝桿菌有關的肺部疾病甚至死亡人數都在上升。我們的研究團隊想要了解，這種細菌究竟和水處理廠的水有關，或是來自井與其他未經處理來源的水有關。

我們團隊研究自來水中的微生物，焦點放在那些微生物經常累積之處：蓮蓬頭。研究後發現，非結核分枝桿菌在自然的溪流與湖泊中不那麼常見，即使這些溪流和湖泊受到人類廢棄物的影響，但是，來自水處理廠的水卻常見得多，尤其是含有殘餘氯（或氯胺）——這原本是要預防從水處理廠到家家戶戶的水龍頭時，途中有寄生物生長。大致而言，水中的氯越多，分枝桿菌就越多。再清楚重申一次：在經過去除寄生物處理的水中，這些寄生物反而更常見。[4]

　　當我們在水中加氯或其他類似的殺菌劑來消毒時，建立起的環境對許多微生物而言有毒性（包括許多糞口寄生物）。這種做法挽救了無數的生命。然而，同樣的介入方式卻有利於另一種寄生物長期生存──非結核分枝桿菌。非結核分枝桿菌對氯相對有抵抗性。[5]結果以加氯消毒所創造出的環境，讓非結核分枝桿菌大量孳生。[6]我們這物種拆解了自然生態系統，並重組回來，這過程雖比我當初重組吸塵器聰明，卻一樣不完美。現在研究人員正設法使用更聰明的裝置來處理水，包括去除水系統的非結核分枝桿菌。同時，有些城市也投資森林與水系統的保育，保護水源供應，越來越不依賴濾池與加氯消毒（甚至完全不採用），這樣的城市令人欽羨，因為其自來水與蓮蓬頭中的非結核分枝桿菌很少。換言之，這些城市要處理的問題少了些。

　　數百萬年來，動物都仰賴著大自然的服務，以減少供水裡的大量寄生蟲。人類產生大量的人體污染物，並廣泛傳播，已超出水域生態系統提供服務的能力。之後，我們發明水處理廠，取代自然水域生態系統所提供的服務。但此舉所創造出的系統會和自然系統一樣運作，卻無法做所有的事，無論我們投入多龐大的努力。在重新創造的過程中，有些東西失落了。部分問題在於規模（大加速導致人類在全球產生的排泄物量遽增），但也在於我們的理解。我們尚不了解森林生態系統如何提供服務，例如如何掌控寄生物的族群。我們也沒有完全了解生態系統是在何種情況下服務，哪些情況下又不服務。因此，我們試圖操縱、重新創造出更簡單的生態系統時勢必會犯錯。

在此有件事要說明。我不是主張挽救自然一定比重建自然便宜。大量文獻都在思索這類經濟問題，衡量問題的方法不外乎（一）流域保育會多昂貴；（二）該流域所提供的淨值，以及（三）仰賴水處理設施，而非流域保育時，會產生負面的長期「外部性」。外部性是資本經濟往往忘記納入計算的成本，例如污染與碳排放。在部分例子中（其實不少），自然生態系統所提供的服務，會比替代作法更經濟，有時則不然。不過，這不是我的重點。

我的重點反而是，即使以任何衡量法來看最經濟的解決方案，皆會以科技取代正在運作的自然生態系統，只是這樣做是複製自然系統，卻又缺少某些部分，而更普遍來說，其運作「像是」自然系統，但這系統卻不自然。

以水系統的例子來說，許多城市沒什麼選擇，只能努力過濾，加氯消毒。但如果放眼四下，會發現有許多重建生態系統的新實驗可供選擇。北美等地作物授粉的故事就是例子。北美大約有4000種原生蜂。數百萬年來，那些蜂幫無數植物物種授粉。之後，從原生蜂、原生植物與未來農業的角度來看，一連串不幸的事情發生了。這些不幸的事件，是在嘗試重建農場與果園，使每一畝產生更多食物時發生的。

　　農田與果園在某種程度上，是草原與森林的複製品。草地與森林的野生物種，長久以來提供食物給人類。每一年，農田與果園每畝會提供更大量的糧食。糧食提供得依賴在農田與果園生存的其他物種，至少過去是如此。農田與果園中的害蟲會受到天敵控制，野生的授粉動物會幫農田作物與果園樹木的花朵授粉。然而，隨著農田與果園的農耕更加密集，生態系統的部分片段開始被取代。

　　害蟲的天敵在不同程度上，會同時被殺蟲劑消滅並取代。此外，異質性高的農場，也就是種植多種農作物，且邊緣有多樣化原生植物的農場，如今已由廣大規模的單一作物（單獨一種植物）所取代。單一作物的耕種加上殺蟲劑運用，導致授粉服務產生變化。野生蜂需要地方築巢，但是在單一作物的農田鮮少有可築巢的棲地；每一種蜂都需要特定的土壤種類、土壤結構或植物材料來建立蜂巢。單一耕種的土壤與植物材料是同質性的。野生蜂種也需要在活躍的季節，都能獲得花蜜與花粉來源。單一作物在未開花的時節，對蜂來說通常就是食物沙漠。此外，控制害蟲的殺蟲劑也會讓野生蜂遭殃。通常來說，殺蟲劑一視同仁，不會區分象鼻蟲與蜂。因此，通常授粉者數量不夠。作物開花，但是產出的果實與種子並不多。生態系統已重組，卻少了關鍵的部分。

　　要解決這問題，可在生態系統中加入另一個物種。在17世紀，歐洲人曾引進西方蜜蜂（*Apis mellifera*）到北美，如今我們只稱那些蜂為「蜜蜂」，但它和椋鳥、家麻雀或葛一樣，在北美都不算是原生。然而北美的農業越漸密集，於是蜜蜂成為關鍵的黏合劑，可以黏合破損的農業系統。蜜蜂可高密度養殖，之後帶到已開花、需要授粉的農田。養蜂人有點像老鴇，帶著昆蟲為作物授粉，或多或少修補授粉系統原本破損的部分。這樣做的挑戰在於規模。

為了要有足夠的蜜蜂為破損的農業系統授粉，當前的解決之道是在一年間於全國各地養蜜蜂（這段時間蜜蜂會仰賴野花），之後，在不同作物的開花季節，就把蜜蜂載到作物生長處。比方說，在每年格外農忙的時間，會有許多人開著車，將250萬個蜜蜂群體從美國各地送到加州，為扁桃樹與其他作物（但主要是扁桃樹）授粉。這個系統不太好，蜜蜂需要彼此靠近，這樣就容易導致寄生物傳染。蜂群會傳遞幾種不同的病毒，也會傳給原生蜂。[7]這種情況在不同背景下都會發生，其中一種是在花朵上。對蜜蜂來說，花朵就像馬桶座。雖然蜜蜂確實會洗手（或該說洗腳），但這樣不足以預防寄生物擴散。病毒會一個個蜂巢擴散，原生生物會擴散，就連蟎也會。但是在蜜蜂體系中，不光只有寄生物在擴散；連遺傳單純化與易感性（susceptibility）也益發常見。

野生蜂具有相當多樣的遺傳特性，因為整體而言，野生蜂包含許多蜂種。不僅如此，每一種野生蜂的每隻蜂又有不同的關鍵基因。此外，通常有社會性的野生蜂群落也有基因多樣性。這麼一來，無論出現何種寄生物，在蜂巢、蜂種或甚至在生態系統中，都有更高的機率碰到有抵抗性的蜂。

關於多樣性如何影響物種的寄生物抵抗性，起初的研究是在作物的脈絡下進行的。如果農人種植各式各樣的作物，則作物受寄生物傷害的機會就會降低。接下來研究這主題的，就是提爾曼，亦即第七章提過的植物生物多樣性研究。至於在農場的生物多樣性實驗中，現任職於北卡羅來納大學教堂山校區的查爾斯‧米契爾（Charles Mitchell）證明，在多樣性較高的樣區，植物寄生物擴散速度會比多樣性較低的樣區慢。[8] 類似的多樣性效應也會在相同物種之間出現。若同一種物種的樣區中具有更高的遺傳多樣性，則較不會受到疾病傷害。大衛‧塔爾畢（David Tarpy）是我在北卡羅來納州立大學的同事，拜他之賜，我們如今知道遺傳多樣性較豐富的蜂巢，疾病風險比不那麼豐富的蜂巢低。可惜的是，在同一個蜂巢的蜜蜂，通常不會有遺傳多樣性。[9]

在大自然中，女王蜂會與多隻雄蜂交配，於是在蜂巢中的後裔會出現遺傳多樣性。一隻女王蜂在一生中會與八隻以上的雄蜂交配，雄蜂會釋放精子到輸卵管。女王蜂的子嗣會出現許多種不同版本的抗寄生物基因，不過，一般的養蜂法不包括讓一隻女王蜂與多隻雄蜂交配。這麼一來，蜜蜂的基因相對較為同質，於是蜂巢裡若寄生物感染與影響了一隻蜜蜂，則大部分的蜜蜂（甚至全數）都會受到感染與影響。之後，人類把同質性高的蜂巢以極高密度聚集起來，而寄生物也大量孳生。在一年中，這些蜜蜂有一段時間只吃一種食物——扁桃蜜。蜜蜂和人類一樣，單一化的飲食往往與健康不良有關。最後，這些蜜蜂常在負責授粉的農田接觸到殺蟲劑與殺真菌劑，結果就是群落崩潰。

　　原生蜂可扛起並取代蜜蜂的重要角色，但在許多農業重鎮，其數量也大幅下滑，因此要取代蜜蜂服務的機會日漸渺茫。單一作物農業、應用殺蟲劑、去除原生草原、砍伐森林、和蜜蜂競爭與其他攻擊，都足以壓抑原生蜂，很難讓其族群數量回彈。原生蜂雖不是面臨末日，卻稱不上是好年頭。[10]

　　那麼，如果農場擁有自然中絕大多數的必要元素，卻不是毫無遺漏，這時該怎麼做？對某些作物來說，其中一種解方是改為室內耕種（或起碼使用溫室），並運用蜂箱（通常是熊蜂），把蜂箱帶進室內，這些蜂就專門負責授粉。這在最好靠蜂授粉，並與熊蜂頻率共振的作物尤其常見，例如番茄。但這作法也可應用到其他作物，例如椒類與小黃瓜。這種作法甚至比使用蜜蜂更工業化，因為這是在室內使用，且只用來授粉，而不是採蜜。（熊蜂也會產蜜，只是量很少，只能裝在很小的瓶子裡，不足以供商業採集。但有機會的話，不妨用手指沾一點嚐嚐，那滋味真不賴。）不過，熊蜂和蜜蜂碰到一些相同問題，得到的研究卻比蜜蜂少。熊蜂比蜜蜂更難養，即使活著，也比蜜蜂更不容易管理。其群落相對壽命較短，無法過冬，也很少活過一季。因此農人每年都得至少買熊蜂一次以上。相較之下，蜜蜂若得到好的照料，則可以過冬，甚至存活個幾年都沒問題。（野生蜂可撐過波動，只要我們不去破壞其棲地。）

不僅如此，蜜蜂碰上的所有問題熊蜂都躲不過，只是時間早晚的問題。

　　近年來，有幾家公司開始為新型機器蜂註冊專利。在不久的將來，這些機器蜂會在每一朵花之間飛行，透過小小的機器人腦，運用機器學習演算法來辨識花朵，為花朵授粉。最先進的原型機器蜂會懂得路徑，沿著路徑開往花朵，之後小小的機器手臂就會伸出來。只不過，這些會動的原型挺大的（和小冰箱差不多），每小時可為幾朵花授粉，但破壞的花朵數量也差不多，算是附帶傷害。我本來要說，這些機器蜂可類比為作物的性愛機器人，但後來發現不是**類比**，它根本就是性愛機器人。人類發明這些機器蜂，做大自然已在做的事，期盼這些機器蜂會在遼闊無比的田野上方漫遊，執行這項任務。然而，這作法似乎挺有吸引力，連沃爾瑪（Walmart）都申請專利，雖然那項專利並不是能運作的原型，而是一個概念，期盼某東西或許會在未來的某一天運作。

　　若以為未來只要靠著小小機器蜂在開滿花的農田上方到處飛就行，那就和我拎著一桶吸塵器零件時想像的事差不多。蜜蜂生態學家很快以謹慎的措辭指出：「這是在講什麼X話！」一群蜜蜂生物學家與授粉生物學家被這想法惹毛，於是寫了篇文章，指出這想法在哪些方面犯了錯。[11]

　　許多野生物種執行了數百萬年的任務，如今面臨被人類操作的事物所取代。展望未來，許多人打算以科技取代野生自然的服務。碳封存就是一個例子。數億年前，植物演化出能力，會將來自太陽的能量，與從二氧化碳中找到的碳原子結合成糖，產生可儲存的能量。所有動物生命都仰賴這個步驟。但後來，人類演化了，還想出如何運用碳和石油，燃燒古老的碳，這麼一來又把二氧化碳釋放到大氣層，引發大量暖化。這下子人類在世界各地不停舉辦新會議，討論如何運用科技，把大氣層的碳取出，以應急之道取代植物慢慢進行的工作。這些作法可能創造奇蹟，也可能一事無成。我們應該夠明智，先儘快學習植物以何種方式處理碳，哪種植物群落能解決最大量的碳，以及如何挽救那些群落。我們應該夠明智，能搶先一步或至少別落後於人類的操縱企圖——有人自以為能以比大自然「更快」、「更好」的速度來固碳。

我們嘗試以科技來修補人類造成的破壞，例子多得不勝枚舉。若我們殺光了某地的掠食者，屆時就得仰賴帶槍的人對付鹿，控制鹿的族群。我們可能滅絕某個地方的害蟲天敵，到時候就得利用更多殺蟲劑，控制害蟲數量。要是我們把哪條河邊的森林砍伐殆盡，或是將河流截彎取直，之後就得仰賴堤壩與土堤來擋住河水。

人類越往室內移動之際，大自然的服務似乎也更遙遠、更不明顯，「植物性愛機器人大軍」似乎也越正常。同樣地，回到第八章的例子，我們不免要設法簡化與取代身體的微生物。我們可以思考究竟需要其他物種——在腸道、皮膚或甚至肺部的物種——的哪些基因，並把那些基因加入人類基因組就好。技術上來說，這已可達成（雖有疊床架屋之嫌），會越來越簡

單。用基因操作打造出人類，目前被視為有道德疑慮，但可以
想見，這作法在遙遠的未來或許可行，畢竟我們無法控制後代
子孫的文化與道德。姑且想像一下，他們會考慮以基因工程來
創造人。比方說，他們會納入基因，讓人體可從空氣中自行收
集氮（和某些細菌一樣），或可以行光合作用。

　　然而，消化作用比固氮或光合作用複雜。腸道的微生物會
和免疫系統及大腦對談，交換信號，而這過程在數百萬年前就
已出現。我們知道，這些信號的特定細節能影響免疫系統如何
運作（及何時失靈），也會影響人的個性。我們不知道的是這
些信號是什麼；畢竟是到了幾年前，我們才知道信號存在。或
許我們得先思考腸道語言，解讀每一則訊息，之後才能思索如
何以化學物質取代那些訊息，只送出我們想送的訊息。或許我
們可構思如何置入新基因到細胞，讓細胞認為它們收到信號。
腸道或許會一再送出信號：「我很高興，我飽了。我很高興，
我飽了。」但最困難的挑戰仍是每個人的獨特性。世界上沒有
兩個人的基因體一樣，也沒有任何兩人的大腦與免疫系統一
樣。因此，你的身體對微生物的需求，和我的身體對微生物的
需求是不同的。我們能為每個人量身訂做基因，予以編輯嗎？
或許有一天可以吧。

　　就目前來說，以新的細胞基因取代身體微生物的角色是想
像的情景，是在預測未來的可能情境。在這情境下，科學家的
聰明程度前所未見，願意操縱自然，甚至操縱人性。不過，還
有另一種技術場景。我們可以建立起微生物種子銀行，給新生

兒其所需要的微生物。而成人若失去了曾擁有的微生物，我們也可提供所需。這就是糞便移植在做的事——基本上就是人類版的白蟻肛道餵食。想像一下，在未來，新生兒可讓微生物種子銀行的微生物移生，但在這樣的未來，我們得先知道人類會需要得到什麼樣的微生物基因。不過，理論上，未來有一天終將成為可能。我的預測是，如果我們要踏上這條路（確實已有人為此努力），在這作法穩當之前，會先經歷好幾年甚至好幾個世紀問題叢生的情況。

最後，放眼近期與長遠的未來時，最簡單的前進之道是保育生態系統，盡力保護其所提供的服務。次佳、也是將會經常需要使用的方式，則是盡力模仿自然系統，避免額外介入。回到腸道微生物群系的例子，設法協助母親把腸道微生物傳遞給孩子較容易，而不是從無到有，為每個孩子設計出「完美」的腸道微生物組合。最糟的狀況，則是像我拎著一桶吸塵器零件那樣；這個情境是把未來幾十年與幾百年的問題，丟給世界各地的人去獨立解決，沒有來自專家提供真知灼見，包括工程師、生態學家、人類學家與不同學門的人，還有自然本身。我在這本書所提出的觀念中，或許最明顯也最有爭議的，就是我們應盡量保留自然的服務，不是重新發明。這觀念之所以顯而易見，是因為別打斷已在運作的事在某種程度上是符合直覺的。爭議之處在於，漸漸地，科學家與工程師所想像的未來，是讓科技取代越來越多自然的服務。近來甚至還有研究者指出，他們不需要自然。他們聲稱，只要有實驗室裡的基因，就可打造出任何所需之物。他們可能是對的。但我懷疑。幫我修吸塵器的店舖老闆，想必也抱持疑慮。重點在此：如果他們錯了，而我們又無法拯救所需要的生態系統、避免系統崩潰的話，那事情可就嚴重了。因此我會建議，最有道理的行動是，認為眾人皆醉我獨醒，並把我們仰賴的野生生態系統，視為無可取代。[12]

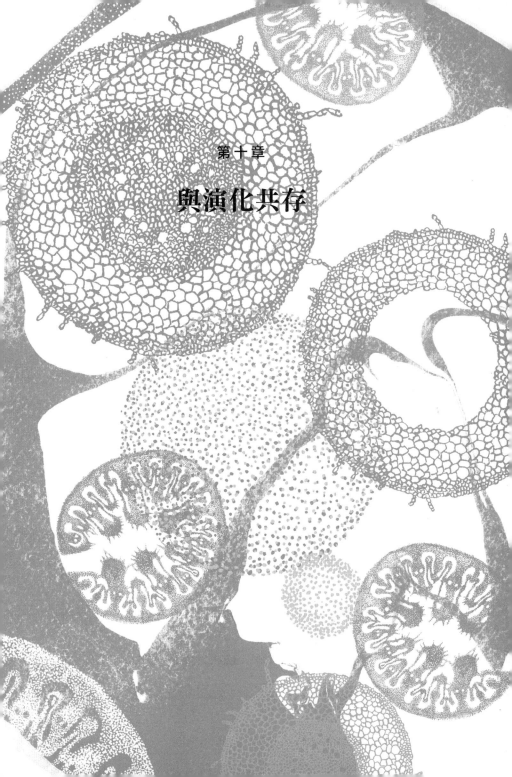

第十章

與演化共存

　　我們會設法控制大自然，原因在於有時能得到巨大的效益，短期來看尤其如此。當年密西西比河興築堤壩之後，小鎮就能沿著河岸建立。這些小鎮（例如格林維爾）後來發展成城市，且接近河流，在貨物運輸上佔有地利之便。短期來看，這樣是有好處，然而，其背後有隱藏成本，得付出與洪水相關的代價。同樣地，若我們想藉由抵擋來控制周圍生命，也會遇到類似的現實。把其他生命形態阻擋在外，或許是有幫助的。我們奪去許多物種的性命，讓自己活得輕鬆一點；我們殺生以求生。但這樣的殺戮之舉必須有選擇，才能帶來好處，亦即把攻擊目標瞄準真正會傷害我們的物種。相對地，若我們什麼都不放過，可想而知，不良後果反而會如泥流般的渾濁之水，湧入我們的生命。

　　本書一開頭曾提過，1927 年密西西比河嚴重氾濫。我祖父說，他看見堤壩開始消融，隨後洪水湧入格林維爾。他看到堤壩冒泡。這則故事有真實的一面，也有不真實的一面。真實的一面在於，他很可能看到堤壩冒泡，開始崩塌。不真實的一面在於，一旦水位夠高，堤壩會在很多地方開始崩塌，不只是我祖父剛好瞥見的潰堤處而已。河水水位到了那樣的高度，河流的力量就遠超過堤壩的力量。堤壩在某一點崩潰，其他地方也兵敗如山倒。在這則故事中，河川就像生命，堤壩就像我們想擋住生命的嘗試。河流漫過堤壩，甚至衝破堤壩，這就是生命在提醒我們它的力量，同時提醒我們，人類是多麼不堪一擊。

　　每當我想起祖父時，就會想起這場洪水，以及引言中提及的試驗。那是幾年前，由哈佛大學的貝姆、泰米·李伯曼（Tami Lieberman）與洛伊·基修尼（Roy Kishony）於基修尼的實驗室進行。這三人一同設計出巨大的培養皿，稱為巨皿（megaplate；mega既是微生物演化與成長園地〔microbial evolution and growth arena〕的縮寫，也可以只表示「巨大」）。這巨型培養皿的長寬高分別為120公分、60公分與11公釐。巨型培養皿的實驗讓我們思索生物學最強而有力的法則所蘊含的細微差別。這法則是天擇演化，且在即時進行。這項法則以最簡單的方式，說明能成功繁衍較多後代的個體，其基因與性狀通常比繁衍較少後代的個體更具優勢。天擇演化法則由達爾文提出，達爾文認為這法則說的是相對緩慢進行的過程，但我們現在知道可以發生得很快。其影響可即時看到，無論是在城市、人體，或巨型培養皿。

　　巨皿的概念是受到電影宣傳的啟發。2011年，加拿大華納兄弟（Warner Brothers Canada）為宣傳《全境擴散》（Contagion）這部電影，遂於商店櫥窗打造宣傳品，在展示板上培養細菌和真菌，使其拼出電影的名稱「CONTAGION」（譯註：意為「接觸性傳染」）。[1]這塊展示板基本上就是個巨大的培養皿。基修尼看到這廣告之後，靈感就來了。經過一番對話與一點腦力激盪，他把靈感轉變成差不多的巨大培養皿，並在他授課的課堂上使用，那時李伯曼與貝姆都是研究生，負責協助這堂課。就和那塊廣告展示版一樣，這個巨皿也會透露出訊息，只是需要較長時間才能清晰解讀，然而，這項訊息也一樣清楚。

　　這項計畫需要層層的團隊工作。這項實驗是由整組團隊設計，並由李伯曼在基修尼的班上第一次執行。後來，貝姆微調這項設計，在最後一次重複這項實驗時倒入瓊脂，種下微生物，觀察後續情況。巨皿的基本設計和華納兄弟的電影宣傳板有類似之處，但也有些關鍵差異。舉例來說，巨皿的瓊脂是分成兩層倒入，底部那層較堅固，細菌可以、也會吃這層瓊脂。而上方那一層則是液態，細菌可在裡頭游泳。他們把一株無害的腸道細菌從培養皿的兩側放進去，這菌株是大腸桿菌（*Escherichia coli*，常寫為 *E. coli*）。大腸桿菌可以吃瓊脂裡的養分，也會游往養分尚未枯竭之處；它們可以進食以及快速移動。要是培養皿中出現其他細菌物種，大腸桿菌或許敵不過它們，可能長得不太好。大腸桿菌是很有用的實驗室生物，但若是碰上人類腸道的其他居民時，則未必是最難搞的競爭者。不過，這實驗不是要談與其他物種的競爭，而是對抗生素的抗藥性演化。

　　釋放到巨皿的細菌，對任何抗生素都不具有抗藥性，甚至敏感無助。但這種情況或許不會持續太久。團隊想了解的是，這些無害又無助的大腸桿菌，會多快演化出對常見抗生素的抗藥性，而有抗藥性的突變型會多快出現與擴散（即使未突變的大腸桿菌在消失）？

　　為解答這問題，團隊決定在巨皿中摻點抗生素。貝姆在完成基修尼課堂上的實驗後，他選用的第一種抗生素是撲菌特（trimethoprim，TMP）。貝姆之後會以另一種抗生素重複這項

將大腸桿菌置入培養皿　　　　　　　　　將大腸桿菌置入培養皿

液態、可供細菌游泳的瓊脂

加入染色劑
的固態瓊脂

11公尺

0　3　30　300　3,000　300　30　3　0

120公分

60公分

撲菌特抗生素濃度，微克／微升（ug/ul）

圖10.1：這是由貝姆、李伯曼與基修尼設計的巨皿。圖是由Neil McCoy依據貝姆和同事早期製作的版本而繪製。

實驗——環丙沙星（ciprofloxacin，CPR，更常見的名稱是cipro）。抗生素並不是一致性地加入巨皿中，而是分成幾個欄位。區分出幾個欄位是李伯曼的點子，她想要給細菌層層的障礙，每個障礙都比之前的還高。最外區的欄位不含有抗生素。然而從邊緣往內移動時，巨皿的各欄位抗生素濃度會提高，細菌最終會抵達巨皿中央的欄位（和兩邊等距離）。中央欄位的抗生素濃度應足以殺死任何東西，是平時用來消滅大腸桿菌必須用量的3000倍（撲菌特）或20000倍（環丙沙星）。這種欄位設計，讓我想起格林維爾附近的密西西比河。每一欄位裡的抗生素就像堤壩，而在中間的就像格林維爾，也可以更廣泛地說是人類——靠著抗生素防護，不受細菌寄生物侵擾的人類。

　　若要抵達中央地段，突變的細菌必須對最低濃度的抗生素演化出抗藥性。之後，除了第一次的突變之外，還得演化出更進一步的突變，才能應付下一個更高濃度的抗生素。細菌必須層層突變，直到演化出可前進培養皿中央的基因組。

　　巨皿實驗儼然成為演化生物學的新經典，部分原因，是它最能完美適切地展現出演化的動態。溫納曾以精彩佳作《雀喙之謎》，探究加拉巴哥群島的演化。他說：

　　　　為研究生物經歷多個世代的演化，你需要以孤立族群為對
　　　　象。這族群不能逃跑，無法輕易和其他族群混合交配，因
　　　　為混合的話，會讓在一個地方出現的變化和其他地方的變
　　　　化混在一起。[2]

圖10.2：密西西比河與曲流在疏通與受到堤壩限制之前的模樣。這條河迄今有隨著時間移動與演化的傾向。地圖是在1944年，由美國陸軍工兵部隊的哈洛德‧費斯克（Harold. N. Fisk）繪製，收錄在《密西西比河下游沖積河谷地質調查》（*Geological Investigation of the Alluvial Valley of the Lower Mississippi River*）。

　　貝姆、李伯曼與基修尼曾想像與建立這樣的情境，且針對溫納最後一項考量進行試驗——交雜混合。

　　在醫院與其他經常使用抗生素的地方，例如養豬場與養雞場，細菌若要演化出抗生素的抗藥性，方法之一是透過彼此分享基因，這是透過細胞層次的交易市場發生，生物學家稱之為「水平基因轉移」（horizontal gene transfer）。在水平基因轉移，細菌會交配與交換質體（短短的基因物質）。這種交配甚至可在沒什麼親緣，甚至差異如山羊與蓮花這麼大的物種間發生。交配的結果，就會產生帶有新基因的雜種，讓新的物種執行原本無法自行執行的任務。這種交配總在我們身邊持續發生，甚至你在讀這段文字時也在你體內發生。但是在巨皿實驗的一開始時，這是不可能發生的。實驗中的細菌都沒有撲菌特或環丙沙星的抗藥性基因。細菌無法把自己沒有的東西彼此分享。

　　巨皿的細菌只有一種辦法能變成有抵抗性：基因碼的字母一代又一代發生突變。那些隨機突變中，會產生一些能對抗生素有抗藥性的基因版本。有這種基因的個體，會更能在抗生素出現時生存下來。這可說是奇妙瘋狂的現象，是來自天擇下成功運作的演化。我們的基因體正是這樣演化來的，只是演化得非常緩慢。

　　至於細菌，貝姆、李伯曼與基修尼認為，他們可能在更短的時間尺度，看到大幅的演化動態展開。這種想法其來有自。從某方面來說，巨皿裡的細菌族群規模很大，即使大腸桿菌的突變很罕見（每10億次分裂會突變一次），但許多這樣的突變可能在巨皿上累積。此外，在實驗室裡，大腸桿菌一個世代的時間大約是20分鐘，讓天擇能一再於那些突變上起作用。這表示，只要比一天長一點點的時間，光是31小時，負責檢視培養皿的貝姆就會觀察到72個世代，相當於研究人類族群2000年，亦即回歸到耶穌基督誕生，甚至更久以前。十天內，他可以觀察到7200個世代，相當於人類兩萬年，亦即回歸到農業誕生以前。然而，雖然兩萬年看似長久，但我們人類在這段時間發生的改變不多，在晚餐宴會上並不會有什麼引人矚目之處。在這脈絡之下，抗藥性會多久演化出來呢？貝姆、李伯曼與基修尼在展開巨皿實驗時，他們依據所知，認為會花一個月以上，甚至一年，或是許多年。

　　其實根本不必花多久時間，就能輕易看出結果。貝姆把巨皿中的固態瓊脂染成黑色，這樣白色的大腸桿菌在分裂與擴散時就能看得出來。

　　在使用撲菌特的情況下，大腸桿菌可輕鬆填滿巨皿中沒有抗生素的第一欄位。它們會吃、排泄、分裂、游走，尋找更多食物；然後吃、分裂、游走。在大腸桿菌的白色單細胞身體累積之下，黑色墨汁消失了。這不令人意外。在這段期間，許多突變體可能出現，但都無法在巨皿第二個欄位的抗生素下生存。這裡看不出天擇或天擇所造成的演化證據。

但幾天後貝姆再回來檢視，卻發現不同情況。經過88小時，有能力在最低抗生素濃度下生存的第一個突變體出現了。細菌細胞發生突變，可在低濃度抗生素的欄位中生存。這個細胞的後代很快生氣蓬勃，湧向巨皿一邊的第二個欄位，把第二個欄位中黑色瓊脂變成白色。之後，在貝姆觀察下，第二欄位出現各自獨立的突變。這些突變種開始吃、分裂與擴散。細菌加快速度，填滿第二欄位，宛如滾滾流水，會冒泡氾濫，讓黑色瓊脂變得模糊。它們就和水一樣威力十足，擋也擋不住。

在《物種源始》這本書中，達爾文寫道：「天擇是日日夜夜、時時刻刻審視整個世界最細微的變化；會拒絕不好的變化，而好的變化則予以保存與累積；天擇是默默地在不知不覺間，於所有時間與地點運作，抓住任何機會，改善每個生命在有機與無機生活條件下的狀況。」[3]貝姆在此目睹這情形，且不是在地質時間中發生，而是只經過幾天。「最細微的變化」是因為突變，區區幾個微不足道的基因字母突變。那些突變是好的，至少在低濃度抗生素出現時所創造的條件下是如此。不過貝姆也將看到，天擇不會只是默默在不知不覺間運作。

接下來幾天，有更少量的細菌細胞發生突變，於是它們獲得能力，在濃度更高的抗生素環境下生存。天擇會偏好這些突變種，於是它們又填滿了巨皿的第三個欄位。接下來，培養皿的第四個欄位又重複這個過程。更有抗藥性的新突變種崛起，之後這些突變種填滿第四個欄位。最後，在過了十天，有幾個突變種出現了，可在巨皿抗生素濃度最高的中央欄位生存下來。它們已突破最後一道堤壩。十天後，巨皿中央的欄位已充滿具有抗藥性的生命。

貝姆研究這項實驗結果，並與李伯曼和基修尼談，之後又依照科學家的作法，重複這個過程。再一次，細菌花了十天來到中央欄位。他也用另一種抗生素環丙沙星來做實驗。這一次，細菌花了十二天來到培養皿中央，把這裡填滿。他一次又一次重複這實驗，而細菌一次又一次花十二天來到培養皿中央。雖然不同抗生素的結果略有不同，但只有細微差距。更重要的是，在這兩種情況下，細菌都能很快對濃度很高的抗生素演化出抗藥性。自此之後，其他科學家也以其他抗生素和細菌，重複這項研究。結果很類似，差異只在細菌要花多久時間來到培養皿中央。當初華納兄弟的行銷團隊寫下的「**感染**」（CONTAGION）標誌，啟發了基修尼。然而寫在巨皿的訊息似乎更不祥。對貝姆、李伯曼與基修尼來說，巨皿上寫的訊息是「**抗藥性**」（RESISTANCE）。

在與微生物敵人的演化戰爭中，我們吃了敗仗，不僅在面對體表與體內的細菌性與病毒性寄生物吃了敗仗，面對想搶先吃掉我們食物的物種也是如此。敵人會佔有優勢，是因為族群規模大的生物，適應演化會比較快。族群越大，個體在新環境下就有更高機率會發生有利的突變，例如在面對抗生素、除草劑或殺蟲劑的時候。與我們競爭的物種也有優勢，因為世代時間通常較短。在每個世代，天擇都有機會發揮功用。越多世代出現，天擇就越可能嘉惠某些演化支系（包括新突變種），而不是其他支系。和我們競爭的物種還有另一項優勢，因為在我們所創造的簡化生態系統中，它們沒什麼競爭，掠食者也較少。它們會逃脫，躲過敵人，可自由地把焦點放在大啖眼前的食物。最後，與我們競爭的物種會有優勢，是拜我們的行為之賜。我們越試著宰殺這些生物，有抵抗性的支系就會越快勝過無抵抗性的支系。我們的最佳武器會讓我們陷入不利。

　　只要人類物種存在，則最有機會演化出新物種的地方，就是農場、城市、住家與身體。這些地方會是地球上成長速度最快的棲地，隨著成長而來的，就是物種起源的演化機會。我們與演化共存。

　　在我們日常生活的棲地中，伴隨著我們演化的物種可能對我們有利，或至少和烏鴉一樣與我們相安無事，共享日常世界。然而，這些物種未必是無害或迷人；以後很可能就變了樣。如果我們持續設法控制或殺害周遭的生命，就會有利於一組非常特定物種的出現，亦即對於抗病毒劑、疫苗、抗生素、除草劑、殺蟲劑、滅鼠劑與殺真菌劑有抵抗力的物種。若不審慎，這些在我們身邊演化的物種全都會造成危險。我們企圖掌控，卻打造出充滿惡意生命形態的花園。梅杜莎會把所有看著她的人變成石頭；我們會把武器碰過的物種，變成永不死亡的敵人。

　　未來不一定要這樣發展。為因應人類攻擊而出現演化的物種，其演化細節常是可以預測的。若演化可預測，就能善用這樣的可預測性。我們不必等待人體靠著每個世代慢慢演化，以回應有抵抗性的寄生物演化，或是等待遺傳學家培育或操縱出可抵抗害蟲的新作物。我們可利用演化生物學的相關知識替未來做規劃，至少我們有潛力這樣做。

　　但是在思索該如何擋下抵抗性、如何與生命之河的流動與動態合作，而不是對抗之前，我們先稍微更仔細地思索反其道而行會如何。要這樣做，就先回到巨皿實驗。這實驗是個可呈現整體樣貌的縮影。自從亞歷山大・弗萊明（Alexander Fleming，譯註：1881-1955，曾率先發現青黴素，開啟抗生素領域的研究與應用）首度發現有些真菌會產生抗生素，人類可以多加攏絡這些真菌，當時就很清楚，最後我們試圖以抗生素消滅的病菌將會演化出抗藥性。1945年，弗萊明在諾貝爾獎演講時就提到這一點。在1945年，弗萊明已經知道「要讓微生物對盤尼西林有抗藥性並不難」。但他擔心的是，抗生素太容易取得，會導致使用無效，因為會增進抗藥性。[4]這就是已發生的事。在我們體內、住家與醫院的巨皿實驗中，對抗生素有抗藥性的細菌並不罕見，在許多地區（但不是所有地區）也是前所未有地普遍。由於我們大規模使用抗生素，而對病菌來說，人體有巨量的食物，因此數以百計對抗生素有抗藥性的細菌分支已經演化出來。每個細菌分支會依據其當地條件、基因背景及所接觸到的抗生素，出現稍微不同的演化。細菌演化出抗藥性，是藉由建立抗生素無法看到或結合的細胞壁，這樣抗生素就無法滲透進來。細菌可以快速增壓細胞內的馬達，把抗生素趕出細胞（就像把水排出船外）。細菌也可演化出細胞壁內的蛋白質變化，讓抗生素無法結合。細菌甚至還可以產生生化刀劍來揮舞，把抗生素砍得稀爛。細菌也可把這些防禦工事混搭。就像沒有兩片雪花是一樣的，各種抗藥性菌株也都不一樣。

不是只有細菌才會出現抵抗性的情況。原生生物（例如會導致瘧疾的瘧原蟲）也會演化出抵抗性。瘧原蟲在全球演化，對抗瘧疾藥物氯奎寧產生抗性，若從世界地圖來看，就像是放大版的巨皿實驗。抗藥性首先是在1957年於柬埔寨山區演化出來，之後，有抗藥性的瘧原蟲型態開始擴張，勝過其他曾使用氯奎寧的寄生株系，幾乎處處攻無不克。它擴散到鄰近柬埔寨的泰國，又進一步擴散到更大範圍的亞洲、東非，然後遍及整個非洲，同時以某種方式擴散到南美洲的北緣，之後擴散到南美洲大部分地區。其擴散狀況就像巨皿實驗中的細菌。而當我在寫下這段文字時，導致新冠肺炎的某些病毒株又開始對一種以上的疫苗演化出抗藥性。

不光是微生物的物種會演化出抗藥性。動物的抵抗性與病毒或原生生物的不無類似。床蝨已對五、六種不同殺蟲劑演化出抗藥性，而據估計，有600種以上的昆蟲對一種以上的殺蟲劑有抵抗性（有些甚至是對多種殺蟲劑有抵抗性），包括住家害蟲，還有作物害蟲。作物害蟲不僅對農田殺蟲劑演化出抗藥性，甚至對轉基因作物所產生的殺蟲劑，也演化出抗藥性。

演化會創造，而創造行為從來不會結束，因為天擇忙著帶出更多變種、物種與生命形態。我們透過行為形塑出那些生物的型態、身分及其生物學細節。之前提過，1778年，自然學家布豐指出：「今天地球整個面貌，都承載著人類力量的影響。」[5]那分影響會有利於部分物種的演化，卻會對其他物種不利。如果我們設法促成美麗花朵、美味水果或有益微生物的新世界進化，那還算明智。然而，我們的傾向往往不是如此。我們的影響遠遠有利於有抵抗性的生命形態所組成的新世界。

我從2016年開始，加入抵抗性危險園地的智囊團。[6]這個智囊團是由美國國家社會環境綜合中心（National Socio-Environmental Synthesis Center，簡稱SESYNC）支持，由斯德哥爾摩應變中心（Stockholm Resilience Centre）的學者彼得·約根森（Peter Jørgensen），以及加州大學戴維斯分校的研究者史考特·卡洛（Scott Carrol）率領。這智囊團一定要做的初始任務稱為「與抵抗性共生」，目的是了解運用生物滅除劑是否會導致抗藥性增加。你或許會以為，已經有人專門留意這檔事，其實沒有人在做，至少不是全方位關注。所以，我們就來統計人類使用了多少種生物滅除劑、用量多少、用得多廣泛。完成後，情況就明朗了。

　　生物滅除劑的運用會增加，是隨著人類對其他生物的影響更廣泛加速而來。許多層面都看得到這種增加的情況。舉例來說，抗生素銷售劑量提高，人均抗生素銷售劑量也在提高。此外，除草劑使用的公升數也在增加，每一畝使用的除草劑公升數也是，而種植在噴灑除草劑的農田中，轉基因抗除草劑的作物也在增加。生物滅除劑中，用量減少的是除蟲劑。不過，這數字會騙人。殺蟲劑的用量會降低，是因為會自行產生殺蟲劑的轉基因作物增加。化療以生物滅除劑消滅人類癌細胞，是日益常見的現象。癌細胞看似和細菌性寄生物或昆蟲害蟲很不一樣，然而，癌細胞可以演化出化療抗藥性（也確實如此），造成所謂的「無反應腫瘤」，也就是抵抗我們控制企圖的腫瘤。[7] 生物界幾乎處處有人類生物滅除劑的印記，我們比以往更用力，把粗粗的拇指按在自然的黏土旋轉拉胚上。

　　在這些例子中，多數抵抗性也會變得更常見。當我們服用抗生素，身體就成為肉體版的巨皿。我們服用抗生素，細菌就會演化出抗藥性，不多久會恢復生長，毫不受到打擾。如果我們為農場動物投抗生素（通常是為了刺激動物生長，而不是處理任何健康問題），它們也會變成像巨皿一樣。細菌會在一波波的抗生素攻勢中，於動物體內演化成長，毫不受干擾。就連人類的醫院也像巨皿。在醫院，許多病人與病房都會使用抗生素。此外，醫院有許多人免疫功能低下，身體就像巨皿的瓊脂一樣毫無防備。人體內的癌細胞展開演化傳奇之旅，彷彿我們就是培養皿。在我們社會的生態系統中，有抵抗性的細胞、菌株與物種成長，毫不受打擾。不過，「不受打擾」並非適當用詞，因為這些細胞、菌株與物種其實在生物滅除劑的幫助下，反而表現更好；其競爭對手被消除了。它們好像得到好處似地生長，當我們選擇對抗其他生物時，反而嘉惠了這些細胞、菌株與物種。

整體而言，在每一種情況下，我們防患未然的方法都是尋找更新穎的抗生素、殺蟲劑、除草劑、化療與其他生物滅除劑。演化之河的水位上升，我們就蓋更高的堤壩。一開始，我們只在自然中尋找新的生物滅除劑，像黃金礦工那樣探勘，搜尋著生物學的世界。其實在弗萊明或甚至在人類發現細菌之前，就已有這種探勘了。舉例來說，研究中世紀的學者克莉絲蒂娜・李（Christina Lee）與同事，近年發現古代維京人治療眼部感染的方法。李不僅和同事證明這種療法可消滅與眼睛感染有關的細菌，也可消滅對某些抗生素有抗藥性的細菌。[8]（換言之，這種古老的療法依然有用。）抗生素探索的下一個階段，則著重於發明，科學家會在實驗室運用策略，創造出可能有用的新化合物。如今，出於對抗生素的渴求，科學家研究的是如何把各種方式綜合起來，猶如醫學上的大雜燴，仰賴著搜尋自然、傳統知識（例如維京人的知識），還有純粹發明。舉例來說，基修尼協助開發新方式，這方式是受到他對細菌演化理解的影響，一次使用多種抗生素來治療感染。如果作法適切，則細菌要對任何一種藥物演化出抗藥性都不容易，對所有

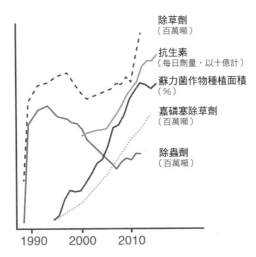

圖 10.3：自 1990 年起，除草劑（herbicide）、抗生素（antibiotic）、能產生殺蟲效果的轉基因作物（蘇力菌作物〔Bt-crop〕）、嘉磷塞除草劑（glyphosate，商品名為 Roundup）與除蟲劑（insecticide）的全球總用量變化。資料來源：Jørgensen, Peter Søgaard, Carl Folke, Patrik J. G. Henriksson, Karin Malmros, Max Troell, and Anna Zorzet, "Coevolutionary Governance of Antibioticcand Pesticide Resistance," *Trends in Ecology and Evolution* 35, no. 6 (2020): 484–494. 繪圖設計：Lauren Nichols。

藥物演化出抗藥性就更難了。

　　抗藥性似乎是陰暗的現實情況。但我要提出一項值得保持希望的理由。貝姆拍攝大腸桿菌演化出抗藥性的影片，我至今看了不下數百次。我會在演講時播放，聽眾總是看得目瞪口呆。康德會稱之為令人生懼的壯美。但是貝姆認為，大家觀看這部影片的方法錯了。他對自己所拍的影片，恐懼感可能不像你那麼深。他認為，只要採取四個步驟，就有希望在未來控制抗藥性。但是別忘了，每個步驟都和氣候變遷一樣，我們的作為與世界的回應之間是有時間落差的。在運用生物滅除劑之後，影響會在未來某個時間點出現。但和氣候變遷不同的是，這時間落差會相對較短，可能幾年就出現，而不是幾十年，有時候甚至不到幾年就看得出來。因此，若能控管敵人進化，就可能帶來快速且激烈的變化。在這脈絡下，四個步驟都變得很重要，現在實行很快就能感覺到好處。若我們執行這些步驟，並不會讓地球擺脫抵抗性（我們辦不到），但我們能找出方法與抵抗性共存，與生命的流動與傾向共存。

與抵抗性共存的第一步很重要，只是研究還不多。這牽涉到生態介入。一般來說，有抗藥性的細菌較不可能在必須面對其他細菌競爭的環境條件下生長（其他細菌多會產生自己的抗生素），此外也要面對細菌的寄生物及掠食者。你的醫院或皮膚越像叢林，任何新來的細菌株系就越不容易存留。

在敵人具備多樣性的背景下，寄生物與害蟲較不容易大量孳生——這觀念是多樣性的另一道法則。提爾曼在明尼蘇達州所照料的荒廢農田，即驗證了此法則（參見第七章）。但是在抗藥性的特定背景下，還有些許情況有待說明。細菌與其他有抗藥性的生物，通常仰賴賦予它們抗藥性的特定基因。那些基因通常很大，需要能量，才能一次又一次複製。細菌花許多時間複製,卻沒時間攝取足夠能量。此外,那些基因的蛋白質與其他產品,通常都有昂貴的一面。因此,一般認為,有抗藥性的物種往往會受制於競爭者與寄生物。要確實避免抗藥性出現,首要之務就是管理周遭生態系統,盡量確保多樣性。你在家也可以做得到:使用肥皂與洗手,勿過度使用抗生素。少用乾洗手,非絕對必要時,別使用殺蟲劑。這些做法有助於保存有益物種,使之能與有抗藥性的物種與株系競爭。

第二個與抗藥性共存的重要步驟,就是管理我們的生態系統,讓易感菌株主導,牽制可能演化出抗藥性的物種。這步驟和第一步有關。在第一步驟中,易感菌株常是競爭者。我們需要嘉惠易感競爭者。但是,易感度在更多脈絡下是重要的,不光是競爭而已。

控管易感度有一種特殊狀況,這是在轉基因作物的脈絡下發生。轉基因作物會產生自己的殺蟲劑,雖然人類可以安全食用,但如果害蟲對轉基因作物產生的殺蟲劑演化出抗藥性,則作物恐大受影響。轉基因作物的這種易感度會造成問題,因為轉基因作物通常是大面積種植,若有抗藥性的害蟲演化出來,就會一塊塊田吃下去,把整個國家都吞掉。這種事情發生過,以後也會繼續發生。幸而解決方案是存在的,至少可暫時解決,避免問題擴大。

若在抗蟲作物附近種植無法產生抗蟲成分的植物,則害蟲會寧願吃那些無法防衛、無殺蟲成分的作物。這些無抗蟲成分的作物稱為「避難作物」:可提供庇護給易感害蟲。在這些情況下，有抗藥性的害蟲可能會演化出來，但有抗藥性的害蟲個體卻最可能與對殺蟲劑易感的個體交配，後者是比較興旺的族群，而且靠著吃不會產生殺蟲成分的避難作物生存。抗藥性基因在害蟲中依然罕見，會受到更大量易感基因稀釋，尤其抗藥性基因通常是有代價的。這種方法或許看似稀奇古怪，但是有用。若種植會自行產生殺蟲劑的轉基因作物，多數國家會強制種植這種易感昆蟲的避難作物。一旦強制執行，就能超前部署，阻斷抗藥性演化，保住轉基因作物的價值。如果只有強制卻沒能執行，抗藥性就會開始演化，「神奇」轉基因作物會被吃掉，於是奇蹟不再。舉例來說，在巴西，害蟲就演化出抗藥性，即使防護性最高的轉基因作物也遭殃。如果這情況持續，巴西就得回歸到更古老的農業系統（需要不同的種子、設備與其他諸多要素），因為短期內不太可能有新的轉基因作物出現，取代面臨風險的轉基因作物。如果無法善加管理抗藥性，人類的創新速度比不過抗藥性的演化速度。

近年來，有人開始提倡以類似避難作物的系統，控制人體內的癌細胞。舉例而言，我們智囊團中的演化生物學家雅典娜·阿克蒂皮斯（Athena Aktipis）在其著作《作弊細胞》（*Cheating Cell*）中，提出一種大膽的新治癌法。阿克蒂皮斯主張，唯有在癌細胞積極生長時才使用化療。[9]如果在腫瘤沒有旺盛生長時採用化療，會消滅易感細胞，留下最有抗藥性的細胞。就像有抗藥性的細菌，有抗藥性的癌細胞並非良好的競爭者，但如果易感細胞都不見了，則癌細胞就會大肆生長。如果使用過一次化療，但在腫瘤又開始積極生長之前再度使用化療，則最後的易感細胞都消滅了，於是剩下的細胞全是有抗藥性的。等到腫瘤開始三度生長時，整個腫瘤都是有抗藥性的。另一方面，如果只在腫瘤長大時治療，則有些易感細胞會活下來，因為易感細胞分裂與生長得比較快。因此在下一次使用化療時，多數腫瘤細胞都是易感的。這種療法稱為「調適性治療」（adaptive therapy），是佛羅里達州莫非特癌症治療中心與研究所（H. Lee Moffitt Cancer Center and Research Institute）的包伯・蓋登比（Bob Gatenby）進行的新臨床測試的一部分；目前為止，測試結果很成功。調適性治療並非一種治療癌症的魔術解方；相對地，它是一種框架，可和現有的諸多作法互補。在思索如何控制癌細胞抗藥性，以及如何與天擇共存，而非反抗時，調適性治療是重要的起點。

轉基因作物管理與癌細胞治療固然不同，卻有共同的基本元素。在這兩種情況下，預防有抗藥性的生物擴散，是靠著嘉惠易感生物。近來，我們智囊團的領導者約根森主張，我們的敵人對於生物滅除劑的易感性是共同利益。他指出，共同利益對人類來說，就和乾淨的飲用水一樣重要。我們在面對害蟲、寄生物或甚至癌細胞時，越是以促進易感性來控管，就會對於這樣的物種有更多控制。究竟如何控制易感度則須視情況而定，然而，確保周圍個體的易感度，對大家來說都有好處。[10]

要和抗藥性共存的第三步驟，目前比較棘手，但未來難度會降低。這和理解抗藥性如何演進的可預測特色有關。生物在回應部分生物滅除劑時，可採取各式各樣的方式演化出抗藥性。如果把演化影片反覆播放，則每一次會播放出的內容會有些許不同。但在其他時候，抗藥性的演化卻很容易預測。究竟什麼能夠預測，則每個例子各自不同。就某些物種來說，可預測的是演化出抗藥性的速度。在巨皿計畫中，對一種抗生素的抗藥性演化總是十天，對另一種抗生素的抗藥性則是十二天，一次又一次都是如此。在其他情況，則有更多細節是可預測的。某些種類的細菌對特定的抗生素演化出抗藥性時，常有相同突變，依據相同順序，一次又一次踩著僵硬的演化舞步。在這些情況下，要預期這些步驟並先發制人是可能的。這是一種精準預測，預測的不光是抗藥性會演化出來，還包括如何演化，之後依此來應變。這在某些物種與抗藥性類型是可能的，但其他則行不通。我們的工作，就是要分辨出是何種情況。

第四個也是最後一個與抵抗性共存的步驟，則與回歸自然的解決之道有關。貝姆在我們對話時，反覆提到這個觀念，說這個觀念讓他覺得「有希望」。在我的經驗中，研究抗藥性的生物學家不太常使用「希望」一詞，不然就是使用時帶著酸溜溜甚至反諷的意味。但我和貝姆談話時，他似乎相當認真。讓他抱著希望的，是一組叫「噬菌體」的病毒。

整體而言，生物滅除劑就像榔頭。抗生素會殺菌，或多或少一視同仁，不講特異性（specificity）。殺蟲劑會消滅昆蟲、除草劑消滅植物、殺真菌劑不僅消滅真菌，還威脅許多動物。即使生物滅除劑有特異性，但特異性很粗糙。舉例而言，最具特異性的抗生素通常比較能消滅革蘭氏陰性菌，或者較能消滅革蘭氏陽性菌。換言之，若有一兆種細菌，抗生素或許夠特異，可以殺5000萬種，但不是全部消滅。這種反抗威脅物種的作法，實為愚蠢之舉。那就像是在我們的文明周圍挖壕溝，而不是築橋。因此，唯一可以進入城堡的物種，就是夠強悍，可以游泳、攀登城牆，滾燙的油也燙不死，同時，在沒有橋樑的情況下，它們一到，我們就無處可逃。

　　更合理的方式，是策略性地鎖定特定宿敵。要這樣做，得先知道敵人是誰。正如貝姆所言，許多常見的寄生物種「正在自然史階段」。有些相對常見的寄生物尚未命名。要更有系統記錄我們的敵人並不難；只是還沒開始，尤其是在最富有的國家以外。我們需要廣泛地瞭解敵人，但也要知道影響特定病人的特定敵人；我們要用拭子一抹，辨識上頭的物種、株系及其擁有的基因。幾年前，這是癡人說夢，但現在不僅行得通，而且簡單、便宜多了。不久之後這就會是標準作法，至少在富裕國家的高級醫院是做得到的。這麼一來，如果某個人被寄生物感染，則我們可以知道這寄生物完整的基因組，進而鎖定這寄生物，但不是使用一般抗生素，而是針對這寄生物的基因與防禦性的噬菌體。這作法現今尚未準備好，但似乎在未來幾年可能問世。這是以對我們有利的方式，運用大自然噬菌體的多樣性。

　　這些步驟與相關作法的共同特色，在於需要建立對演化法則與一般通則的知識，以及詳細理解特定物種的自然史與演化傾向。目前的醫療實務與醫學對於演化或自然史都不特別在意，但我們可以負責改善。運用演化的洞見與自然史來建立醫療與公衛系統，能帶來極大的好處。

說不定，我們的作法可以帶來改變。貝姆覺得有希望。有些公司抱著希望，依照前文提過的四項洞見，著手開發解決方案。或許你也可以放心地抱著希望，或至少不必因為貝姆的巨皿實驗而感到悲觀，而是要對我們的改變能力抱著希望。不變的是演化的法則。十年、一千萬年都不會變，直到生物皆從世上消失。[11]

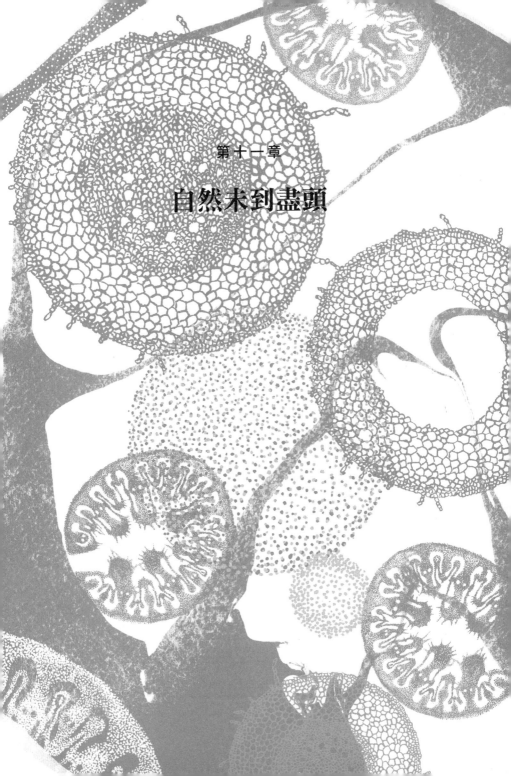

第十一章

自然未到盡頭

　　1989年，比爾·麥克齊本（Bill McKibben）出版了知名的《自然的盡頭》（*The End of Nature*）。在這本有先見之明的知名著作中，作者登高一呼，代替自然發出反抗之聲，以一股強大的動能促成保育行動、減緩氣候變遷的嘗試，以及更多活動。後來也有好些類似的著作出現，最近期的是大衛·華勒斯—威爾斯（David Wallace-Wells）的《氣候緊急時代來了》（*The Uninhabitable Earth*）。這些書既重要又有用，只是錯誤仍在所難免。

　　這些著作的錯誤之處，並不在於主張人類造成地球生物的生存環境加速變化，繼而導致全球人類面臨史無前例的悲劇，或讓越來越多棲地流失，危害生態系統及其野生物種，甚至生態系統提供給人類的基本服務。這些觀念至今依然正確。錯誤之處則是在於，這些情況和自然走到盡頭無關。人類走到盡頭的時間，遠比自然走到盡頭要早得多。我是在日本的岡崎市，才清楚了解到這現實。

　　我當時受邀參加一場關於生物滅絕的會議。2003年，我完成博士論文之後，就展開非正式的昆蟲滅絕研究。那時的我是孤軍奮鬥。我在幾場演講中，談到研究者認為過去幾百年來滅絕的昆蟲列表。我也花了大把時間，設法記錄下已滅絕的其他昆蟲物種。[1]我寫下關於這些發現的研究報告，也設立網站，紀念這些物種。我和新加坡一位素未謀面的研究生許連斌（Lian Pin Koh）一起合作，開始研究共滅絕（coextinction），亦即有些生物（例如猛瑪象蝨）會依賴其他物種（猛瑪象），因此會跟著其所依賴的對象滅絕。[2]在因緣際會下,那次合作讓當時在澳洲伯斯科廷大學(Curtin University)任職的我,受邀到日本參加會議。

在那場會議中,諸多傑出學者齊聚一堂,討論生物滅絕。每個人都熱切訴說對整體局面的一己觀點。《皮姆說世界》(*The World According to Pimm*)的作者斯圖爾·皮姆(Stuart Pimm)談到他透過研究,設法估計全球滅絕率。[3]羅伯·克威爾(Robert Colwell)談到如何以新方式,了解哪裡的物種最多樣,以及這知識為何與如何影響我們對滅絕的理解。傑若米·傑克森(Jeremy Jackson)談到海洋的大型物種消失,以及每個人類新世代心中的「大型」物種會漸漸變小,大自然也漸漸不那麼大。羅素·蘭德(Russell Lande)談到稀有物種的小群落在衰退。若說這些演說散發出什麼整體感,那就是,雖然精準估計滅絕速度有困難,但世界與自然都陷入麻煩。在當時,這已不令人驚訝。但是聽了一場又一場盡是野生物種掙扎的演說,著實讓人從洩氣快速淪為心灰意冷。之後,西恩·尼伊(Sean Nee)走上台,發表演說。

尼伊當時在牛津大學任教,雖然年輕,在演化生物學的領域已是有名望的佼佼者。他看見其他人所忽略的事,並指出來。有時候他會把數學當作鏡頭,看待演化生物學的事,其他時候就只是多加留意,這次他的主題就是一例。

我記得,西恩的演講是談生命演化樹,基本上這就和家族樹一樣,只是把人換成地球上的所有物種。這棵樹和課本的演化樹不太像，課本的演化樹多半著重於其所關心的特定生物，例如有的演化樹是人類、猿與我們已滅絕的親戚，也有橡樹的演化樹（也就是樹中之樹）。但多數人（包括多數演化生物學家）通常很少看到更大的演化樹，不只包括靈長類、哺乳類或甚至脊椎動物，還納入真菌、蟯蟲及所有單細胞生物的古老演化分支。這情況是其來有自的。

　　圖11.1顯示的就是大型的生命演化樹版本。要是樹枝皆標示著名稱，你會很快發現這些名稱多半看起來很不熟悉。這棵生命樹上的幾根大樹枝有微古菌門（Micrarchaeota）、伍氏菌（Wirthbacteria）、厚壁菌門（Firmicutes）、綠彎菌門（Chloroflexi）或甚至有如密碼的RBX1、洛基古菌門（Lokiarchaeota）與索爾古菌門（Thorarchaeota）。若想找出人類所屬的樹枝，恐怕得耗費不少力氣。這可不是畫錯了，而是反映出我們在浩瀚無垠的生命界中所佔的位置。就像西恩繪製的演化樹，圖11.1清楚顯示，地球生命演化樹的多數枝幹是專屬於不同的微生物。

　　身為哺乳類的我們是位於樹木右下方的真核生物分支上。在真核生物的分支，哺乳類是位於「後鞭毛生物」（Opisthokonta）這小樹枝上的小花蕾。身為哺乳類，我們的獨特之處並不算明顯，而我們的分支也只是不引人注目的小細枝。

　　就生物學來看，尼伊的演說——在生命樹上，幾乎所有古老的枝幹都是要靠顯微鏡才看得到的單細胞生物演化分支——向來不是新觀念，而是科學家很久以前就知道的事實。這是厄文革命的一個面向（詳見第一章）。這項事實之所以被發現，

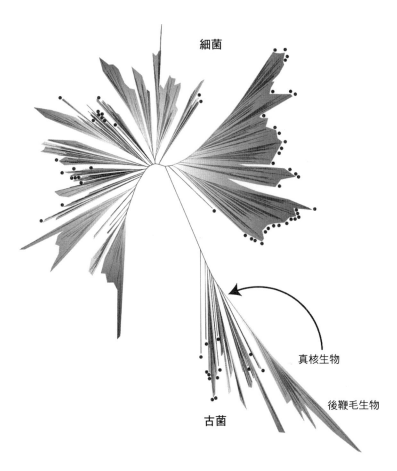

圖11.1：這棵生命演化樹包含生物界的主要枝幹（但不是所有物種！）。這樹上（或說樹叢）的每條線代表著一種生物的主要演化支系。所有有細胞核的物種都屬於真核生物（Eukaryote），這裡以掃把似的分支呈現，亦即在圖的右下方箭頭表示處。真核生物包括瘧原蟲、藻類、植物與動物等生命形態。後鞭毛生物（Opisthokonta）是真核生物分支的一小部分，包括動物與真菌。如果把目標瞄準動物，則會發現只是後鞭毛生物微小細細的一支。從這廣泛的觀點來看，脊椎動物在樹上並未獲得特殊的樹枝，而是小小的花苞，而哺乳類則是花苞中的一個細胞。如果繼續用這個比喻，則人類比一個細胞還要渺小。

是有位名叫卡爾・烏斯（Carl Woese，1928-2012）的微生物學家發展出一套新方式，研究我們周遭的生物，依據其遺傳密碼的字母，讓不同的生命形態以相同條件來比較。以前在比較生物時，通常是依據其外觀（形態學）或能做什麼（例如「可在酸性環境下生長」）。當烏斯開始運用新方法時，就要面對一大驚奇了。

　　烏斯研究的樣本之一是一種細菌，這種菌和其他細菌長得很像，也和許多細菌一樣，在牛隻身上生長。但他檢視起這種細菌的基因時，赫然發現有不同之處。其基因與其他研究過的細菌很不同，彷彿對其他細菌整體而言是另一種生命形態。在研究之後，烏斯了解，這物種根本不是細菌，而是另一種全新的生物──古菌。在圖11.1中，古菌出現在一根長長的分支，我們人類也在這分支上。烏斯漸漸了解，古菌表面上雖然類似細菌，但與細菌的類似程度，還不如與我們的類似程度高。烏斯等生物學家還會明白，許多最古老與獨特的生物支系，會在對我們來說很不尋常的環境下欣欣向榮，然而，我們還不清楚如何在實驗室讓它們生長。圖11.1所畫出的支系中，若有黑點標示的，就代表人類未曾培養過任何屬於這支系的生物物種。我們會知道這些生物的存在，是因為曾分析與解碼過這些生物的DNA。但我們不知道這些生物需要什麼。這些生物支系不僅不太可能仰賴我們，我們目前也猜不透它們賴以維生的東西是什麼。有些需要極端的熱度才能旺盛生長，有些需要極度的酸；其他需要火山作用釋放的特定化學物質。許多生物可能生長得很緩慢，最需要的就是時間；其新陳代謝非常慢，一般人類科學家就算做到退休，還是偵測不到其活動。

尼伊提出論點時，是運用來自烏斯及受其啟發的微生物學者之見解。若是在微生物學家的會議上，尼伊的論點會是顯而易見，但在保育生物學家則非如此。尼伊把微生物學帶進保育生物學的會議，這麼一來，就讓人注意到演化樹的結果——換言之，如果衡量地球多樣性的方式是生活方式、消化特定化合物的能力，或只是獨特的基因，那麼大部分的生命都是微生物。[4]相反地，哺乳類、鳥類、青蛙、蛇、蟲、蛤蜊、植物、真菌與其他多細胞物種，綜觀起來也不那麼重要。

尼伊指出這一點時，聽眾開始感受到他的演講會往哪個方向前進。大家開始坐立不安。演講廳有點靜悄悄的，充滿期待的氣氛。尼伊要繼續說的，是我們想得到能對地球做出的最大過失——核戰、氣候變遷、大量污染、棲地流失等等，族繁不及備載——波及到的是我們這種多細胞物種，但是不會導致演化樹多數的主要支系滅絕。不僅如此，在面對我們最嚴重的攻擊時，許多最奇特的支系其實更可能繁榮生長。在會議的第一天，我們已聽過大熊貓數量稀少、棕櫚樹瀕臨滅絕危機，還有群落大小的臨界點，若是低於這個臨界點，物種就不太可能恢復。感覺上，自然就快窮途末路，但尼伊的主張恰恰相反。

有些人覺得憤怒，但尼伊在有一方面說得很正確。自然沒有受到威脅，也不會很快終結（這是說，不會在接下來的幾億年終結）。當然，這裡說的「自然」是指地球有生命存在、古老支系有多樣性，或生命具有持續演化的能力。相對地，受到威脅的，也就是麥克齊本宣稱會走到盡頭的，是與我們最相關、我們要生存最不可或缺的生命形態。受到威脅的是我們所愛、所需要的物種。聽起來像在談語義學，實則不然。

尼伊的論文其實有兩大元素。他指出了圖11.1所顯示的資訊：在廣袤的生物界中，我們（以及像我們的物種）多麼微不足道。換言之，他強調自己對於厄文革命的支持。但他也注意到，相較於更廣泛的物種，人類與其他多細胞生物喜歡的環境是較狹窄的子集。生物界中多數生命所偏好的環境，會比我們偏好或甚至能耐受的更為極端。

在生命樹上，人科（包括現代與已滅絕的人類，以及現代與已滅絕的猿類）是在大約一千七百萬年前演化。人科開始演化時，基本上這棵生命樹的主要枝幹已存在幾億或甚至幾十億年。有些支系經歷過缺乏氧氣的時期，有些經歷過氧氣濃度高得危險的時期；有些經歷過極端炎熱，有些經歷過極端寒冷，此外還有隕石、火山等帶來的變動，依然生存下來。能通過挑戰的生存者可能是具有廣泛的耐受度，或到處尋找小型棲地，以求能在符合其偏好的環境條件下生存。一千七百萬年前，整體環境對許多支系來說是相對險惡的，但對我們的祖先，也就是最早的人科來說並非如此。

　　待第一個猴子大小的人科演化之後，環境含氧量基本上就是我們現在所體驗的含氧量。不過，二氧化碳含量與氣溫都稍微較高。這環境對早期人科來說是有益的。等到一百九十萬年前直立人演化時，氧與二氧化碳的濃度及溫度基本上和我們今天差不多，可能稍冷一點。我們會覺得那樣的環境相對舒適。這不是偶然。我們耐熱、流汗的能力，甚至呼吸的細節等多數身體特徵，都是在此時期演化。換言之，我們的支系和許多現代物種的演化支系一樣，是依據過去一百九十萬年的環境而微調，而這樣的環境在漫長的地球史上相當罕見。

　　人體經過演化，會善用相對罕見的環境，且認為這樣的環境為正常。這樣的環境很容易讓人覺得理所當然，但事實是，我們讓地球越暖化，身體就越不適應周遭的世界。我們越改變世界，就會導致我們能繁榮生長的環境與實際生存的世界越有落差。另一方面，若物種對遙遠過往的溫度、氣體與其他條件演化出適應力，並生存下來，且其生存之道不是透過進一步演化，而是尋找具有這種環境的小區域，那麼這樣的物種就可能生存下去，甚至繁盛生長，即使我們讓地球變得對我們來說太熱、污染太嚴重，已經超出我們的需求與忍受度。

　　許多古老生命支系所偏好的環境，從人類觀點來看似乎是毫無生機的。細菌會在海底火山口的極度高壓下生存，從地核的熱氣中取得能量。細菌在這種地方已生存數十億年。其中煙棲火葉菌（*Pyrolobus fumarri*）是地球上最耐熱的物種，可承受攝氏112度（華氏235度）的高溫。若把這種細菌帶到地面，則它無法應付人類習慣的氣壓，也無法應付陽光、氧與寒冷，只會一命嗚呼。其他地方也有細菌的蹤影，例如鹽晶、雲層，而地下一哩深之處，也有細菌靠著油維生。抗輻射奇異球菌（*Deinococcus radiodurans*）可在輻射強度足以破壞玻璃的地方生存。在第二次世界大戰時，往廣島與長崎投下的原子彈有1000雷德（rad）的輻射量，足以奪去人命，但是抗輻射奇異球菌可承受將近200萬雷德。我們在地球上製造的極端環境，幾乎所有（甚至就是所有）的條件至少呼應著過往的部分環境條件，因而呼應了一些物種繁榮生長的條件。任何未來的恐怖環境，對某些物種來說卻是理想環境，和遙遠過往的某時期相符合時尤其如此。

然而，對於能在新的返古環境中繁榮生長的多數物種，我們所知甚少。生態學家並未研究，僅有少數幾個例外。我在前文提過，生態學家過度專注於和我們類似的物種，例如有大身體與大眼睛的哺乳類與鳥類，這些物種當中，許多都受到我們造成的變遷所威脅。生態學家也把焦點放在正在衰微的生態系統與物種，而不是可能擴張的部分。生態學家喜歡到雨林、古老草原和島嶼上研究，不喜歡到有毒廢棄場或核能設施，即使這些地方距離不遠，相對容易研究。但誰怪得了他們？同時，地球上最極端的沙漠既遙遠又環境惡劣，是放逐人的地方，而不是下課後會蜂擁而至之處。這些地方鮮少得到研究。結果我們對最快速發展的生態系統與未來的極端環境都視而不見。就這一點來說，我也不例外。

　　我在幾年前開始察覺到知識的落差，那時我設法了解有多少種與哪些種螞蟻能在氣候變遷下繁榮生長。我們會運用的一項工具是簡單的圖表，稱為魏泰克生物群系圖表（Whittaker biome plot）。生態學家羅伯特・魏泰克（Robert Whittaker）習慣繪製氣溫和降雨量的圖表（這個習慣由後來的德國人與德裔美籍生態學家海爾慕特・雷斯〔Helmut Leith〕承襲）。他知道這兩個變項就足以描述地球上大部分的生物群系。又熱又濕的是雨林，又熱又乾的是沙漠。由於氣候和地球主要生物群系之間有穩固的關聯，因此生態學家約翰・洛頓（John Lawton）稱之為「生態學最有用的通則」之一。

　　幾年前，奈特・桑德斯（Nate Sanders，現任密西根大學教授）與我協調了世界各地數十位螞蟻生物學家，大家通力合作，從他們曾有系統進行研究的任何地方，將能找得到的螞蟻群落研究集結起來。之後再與同事柯林頓・詹金斯（Clinton Jenkins）合作，畫出研究地點的氣溫與降雨量。每一點都是代表某位螞蟻生物學家數百個小時的工作。這些數據點得來不易，然而，我們檢視這些點與地球氣候的關係時，會發現少了些東西。[5]

　　生物學家研究螞蟻的地方，氣候條件並非隨機分布。他們不會前往氣候環境最冷的幾個地方，部分原因是在那樣的環境下往往沒有螞蟻。沒有人會在找不到螞蟻的地方研究螞蟻。不過，最炎熱的森林也缺乏研究，最炎熱的沙漠更是付之闕如。這並不表示我們對這些地方一無所知，而是對這些地方的知識特別片面。這種出現在螞蟻研究的模式，在其他鳥類、哺乳類、植物與多數其他生物族群也是如此。如果考量到其他參數，例如氣溫與降雨的變率（variability），或是環境的化學特徵，例如酸鹼值或鹽度，或許會看到類似的模式。整體來說，若從人類觀點來看，假如一套環境條件越極端，越不可能好好研究那種環境下的螞蟻。

你或許會說，螞蟻生物學家尚未研究最炎熱沙漠的螞蟻群落，是因為那裡沒有螞蟻生存（換言之，類似情況也發生在最冷的環境）。但實情並非如此。多虧少數幾位很耐熱的螞蟻生物學家，包括我的朋友席姆・瑟達（Xim Cerda），我們知道有些種螞蟻可以承受炎熱的氣候，例如箭蟻屬（Cataglyphis）。事實上，箭蟻屬是動物物種中最能耐受高溫的，會在世界上最炎熱的地方，於一天中最炎熱的時段覓食。箭蟻屬可在攝氏55度（華氏131度）的溫度下生存，比今天地球任何地方的年均溫高出攝氏25度。箭蟻屬正如昆蟲學家魯迪格・魏納（Rüdiger Wehner）所說：「喜愛炎熱、尋找炎熱的火熱戰士。」[6]熱的時候，它們會收集花瓣，舔植物莖部的糖。若有其他動物物種因為不堪炎熱而死亡，箭蟻屬也會搜集那些動物的屍體。

在環境極端的棲地，箭蟻屬相當多樣，物種數量超過百種，每一種都有獨特的細節，然而都喜歡炎熱。這些物種演化出數種適應行為，以應付炎熱。箭蟻屬有長腿，可讓身體保持在沙子上方，還能跑得快，而彈性的腹垂節（腹部）可以讓它們在沙上方抬高，其體內持續產生熱休克蛋白，幫助保護其細胞，尤其是保護酵素，避免暴露高溫而造成傷害。[7]此外，箭蟻屬中最耐熱的物種為非洲銀蟻（*Cataglyphis bombycina*），全身覆蓋著密密一層如稜鏡的毛，可反射照在螞蟻身上的所有可見光與紅外光，因此光幾乎不會進入螞蟻身體。這樣不僅能讓螞蟻隔絕熱能，也可稍微散熱，讓它們保持涼爽。[8]

要研究這些螞蟻，挑戰顯然在於其所偏好的溫度對其他動物而言有危險（包括人類）。在任何能找到這些螞蟻的地方，瑟達就會去研究，包括西班牙最熱的地方、以色列內蓋夫沙漠（Negev desert）、土耳其安納托利亞乾草原，以及摩洛哥的撒哈拉沙漠。每回研究螞蟻時，他一定得帶許多水。要是水不夠，他有時會把自己埋在沙堆裡，以保持涼爽（圖11.2）。即使如此，有些日子是螞蟻很活躍，但他就是辦不到；有時螞蟻生氣蓬勃，但他身體無法適應。席姆或許會說，部分原因是他已不那麼年輕，但也因為他是人類，螞蟻不是人類。這多多少少造成在魏泰克生物群系圖表對應高溫的地方沒有那麼多數據點，那些地方很難進行研究。

有個地方的箭蟻屬尚未得到研究，但顯然有箭蟻屬生存——衣索比亞阿法爾三角地（Afar Triangle）北部的達納基爾沙漠（Danakil desert），沿著厄利垂亞與吉布地的邊界分布。阿法爾三角地位於三塊大陸板塊的交會點：努比亞板塊（Nubian plate）、索馬利亞板塊（Somali plate）與阿拉伯板塊（Arabian plate）。這三個板塊就在這三角地，每年大約被拉開2公分。阿法爾三角地是個在變化的地方，過去曾是充滿綠意，有草原，也有榕屬生長。在這個地區的河流中，有河馬漫遊、巨鯰游泳。在山丘上則有巨大的鬣狗追著豬、羚羊與牛羚。這裡曾像是縮小版的塞倫蓋提（Serengeti，譯註：位於非洲坦尚尼亞西北部至肯亞西南部，面積廣達三萬平方公里，有多種大型哺乳類與特有鳥類）。古代人科始祖地猿（*Ardipithecus ramidus*）在四百四十萬年前住在阿法爾三角地。知名的人族露西以及其他同物種的阿法南方古猿（*Australopithecus afarensis*），大約是在三、四百萬年前住在這個區域。更晚近一點，直立人會在這個區域製造石器、打獵，甚至會烹煮。而我們所屬的智人人種早在十五萬六千年前，就出現在這個區域。十幾萬年來，這

圖11.2：如果氣溫高得超出瑟達的耐受範圍，他有時會讓自己躲進沙中，研究箭蟻屬（左圖）。如果氣溫太熱，連躲在沙中都不夠時，席姆還是有其他方法保持涼爽（右圖），只不過這些方法產生的數據較少。

區的環境是位於古代與現代人類生態區位的限制中。之後發生乾旱，遲遲未解。

今天，達納基爾沙漠本身沒有多少長住居民。來自遠方的牧羊人會在較潮濕的季節，領著牲口來到此區吃草，之後又前往他方。達納基爾是個不易生存之處，對歐洲探險者來說，要能穿過這一塊區域，難度不亞於穿越南極洲，都是來自極端環境的挑戰。曾有編年史料記載著穿越此區沙漠的一段旅程，那過程格外困頓，「十四駱駝與三匹騾子死於飢渴與疲憊」。[9]這區域的環境條件在接下來的時光將會益發常見。然而，我們的祖先雖曾把阿法爾三角地稱為家園，而古人類學家也花了許多時間挖掘其骨頭與故事，但是這區卻相當缺乏現代生態學研究。近年沒有人在進行動物多樣性調查，就連此區生存的螞蟻物種也缺乏詳細研究。這區域的動物研究多數談的是古老、滅絕的脊椎動物物種，且是以化石中的骨骼為基礎。這實在很可惜，因為以後許多沙漠的環境條件都會類似這個區域的現狀，尤其是達納基爾沙漠。這座沙漠格外炎熱，格外乾燥，但又會在無法預期的情況下出現間歇性氾濫。但幾乎毫無疑問的是，這塊土地現在是箭蟻屬物種的居住地，只是沒有人開始研究這些箭蟻屬，即使這物種社會所繼承的是曾經豐碩一時的土地，也是我們祖先的家鄉。或許有一天，席姆會進行研究（他已申請經費，可惜沒能獲准）。但說不定他也不會進行研究。

達納基爾沙漠的沙是箭蟻屬奔跑之處，我們可以把這沙子當作鏡頭，透過它來一探未來可能日益常見，但尚缺乏仔細探察的險惡氣候。不過,這裡還不是此區域最極端的棲息地。達納基爾沙漠最炎熱乾燥的部分在達洛爾(Dallol)地熱區,地表處處是溫泉。溫泉成因是海水滲入地下,碰到從地球核心漏出的岩漿。之後,水會升高到地表,產生類似美國黃石國家公園的溫泉。水來到地表時溫度接近攝氏100度(華氏212度),而且是鹹的。有些地方的溫泉是硫磺泉,或是酸性硫磺泉,端視於其冒出之處的岩石性質而定。有些地方水的酸鹼值是零,地球上沒有多少地方的環境條件是這麼酸。不僅如此,這些溫泉附近周圍的二氧化碳濃度甚高,動物只要靠近就會小命不保。在溫泉附近會發現鳥類與蜥蜴的遺骨,它們是因為吸入太多二氧化碳而窒息,或誤以為溫泉是綠洲的甜美之水,卻因為酸度而死亡。在某些地點,空氣中的氯濃度也可能致命。溫泉周圍的土地是綠色、黃色與白色,看起來不安好心,聞起來也不懷好意。這麼一來,其周圍的沙漠就算是世上數一數二炎熱,這下子也顯得能讓人鬆口氣。然而,這溫泉並非對所有物種都有害,實際上反而是生機盎然。

近年來,西班牙天體生物學中心的菲利浦‧戈梅茲(Felipe Gómez)與同事發現約十二種古菌物種(古菌就是烏斯發現的演化支系),這些物種會在這溫泉炎熱、酸性、鹹性的環境條件下生長得最好。這十二種物種在演化上的多樣性,超越整個地球的脊椎動物。這些多樣的單細胞生物或許是地球上最極端的生命形態,可在地球上罕見的極端環境條件下蓬勃生長。[10]戈梅茲研究這些物種,部分是為了解可能在太陽系其他星體發現的生命形態，例如火星或歐羅巴（Europa，木衛二）。達洛爾溫泉的微生物可能被風一吹，就吹進平流層甚至更遠之處，生存下來。[11]火星探測器可能無意間把它們帶上紅色星球（說不定已在火星上）。或者，我們可能以某種方式利用它們，讓我們更適合在火星或其他地方生活。不過，這些微生物也可能成為衡量方式，說明我們在無意間於地球上創造出的、嚴苛無比的條件，如何嘉惠這些生命。這些物種等我們把地球搞得更熱、把土壤變得更鹹，甚至讓環境條件變得更酸，這樣它們就能欣欣向榮，地球也會有更多部分再度更適合它們生存。[12]

結論

離開生物界

在不久的將來，地球有些地方會更適合嗜極生物，卻不適合人類。我們可以找到方法，在這種變化中生存下來，只不過這並非永久之道。我們和所有物種一樣，終將滅絕。這現實就是古生物學的第一法則。[1]動物物種平均約可存在兩百萬年，至少在這方面已獲得充分研究的生物分類族群皆如是。[2]如果只考量我們所屬的物種——智人——這表示我們還有一點時間。智人大約是二十萬年前演化出來，仍是年輕物種。由此看來，若我們能存活到平均時間，則路還很長。話說回來，滅絕風險最大的，正是最年輕的物種。想想小狗吧，瞧瞧它們眼睛睜得大大的，卻還不夠聰明，年輕的物種容易犯下致命錯誤。

能活超過幾百萬年的物種只有微生物，有些微生物能進入長長的休眠時間。近年，一組日本團隊採集了深海細菌。根據估計，這細菌的年齡已超過一億年。團隊給細菌氧氣與食物，之後觀察它們。過了幾週，在哺乳類剛出現在地球之際就陷入沉睡、暫停呼吸的細菌，又再度呼吸與分裂。

我們會忍不住想像，在遙遠的未來，人類想出辦法，和細菌一樣暫停生命。不過，這種想像只代表我們這物種長久以來容易出現的傲慢，相信人定勝天，不受生物法則拘束。若想在星球上生存久一點，謙卑才是上策：留意生命法則並善加遵循，不要違抗。我們在保育與管理地球的棲地島嶼時，方法要能促進無害或甚至對我們有益的物種演化。我們需要提供廊道，讓物種得以通過，前往能在未來氣候下生存的適合棲地，以之為家。我們得小心管理周圍的生態，這樣才能讓寄生物與害蟲離我們的身體與作物遠一點（再一次逃脫）。我們需要盡快減少溫室氣體的排放量，才能在地球上盡量多保留仍屬於人類生態區位的區域。我們得設法挽救人類仰賴的（或某天可能仰賴的）物種與生態系統。在做這些事時，別忘了人類僅是眾多物種中的滄海一粟，算不上特別，猶如住在白蟻體內會閃閃發光的細小原生生物、犀牛胃蠅，或者像步行蟲科物種那樣，一輩子只住在巴拿馬某樹種其中一棵樹的葉間。

　　我們曾認為太陽繞著地球轉，如今明白是地球繞行太陽、繞著這無數恆星中平凡無奇的一個。我們曾以為，生命的故事就是關於我們的故事，如今明白，生命的故事多半是微生物的篇幅。我們是笨拙的巨人，遲遲才站上舞台，這個角色在生命戲劇中根本撐不到謝幕就已下台。當然，我們該試著延長人類物種在地球上的時間，就像每個人會設法延長自己的生命。然而，再怎麼努力，最好還是了解生命是有盡頭的。我們會面臨終點，等到那時，靠著我們的重要性而界定的地質年代——人類世——也會結束。新時代會開始。我們看不到，不過，即使我們已消失，仍可斷定新時代的些許特色，因為物種會繼續遵守生命的法則。

　　關於人類消失之後的未來，第一件可預測的事，就是哪些物種可能想念我們，或甚至跟著滅絕。如果某物種跟著其所依賴的物種滅絕，就叫「共滅絕」。

幾年前，我和新加坡科學家許連斌（現為新加坡國會官委議員）合作時，寫的第一份研究報告就是估計共滅絕在我們周遭世界可能多常見。連斌與我跟著聰明的團隊合作，當時大家擔心稀有動植物消失後，依賴這些生物的物種會跟著滅絕。由於多數物種都有依賴它們的其他物種，因此共滅絕很常見。我們估計，共滅絕發生的數量，可能和宿主滅絕差不多。這麼說吧，許多物種都會跟著肉體之船一起沉沒，但是依賴物種消失時，卻鮮少獲得良好的紀錄，因為多數依賴物種身體很小，也鮮少得到研究，甚至沒有人研究過。

有時候，即使宿主只是變得稀少，尚未完全消失，依賴物種也會滅絕。黑腳貂稀有得只剩下區區幾隻個體時，就被圈養繁殖，而過程中會除蝨子。由於宿主族群大小岌岌可危，加上除蝨，因此黑腳貂蝨似乎滅絕了。日後即使研究者想在雪貂身上尋找黑腳貂蝨，都未能如願。[3] 人類圈養繁殖加州神鷲時，加州神鷲的禽蟎似乎也消失。在這些圈養繁殖計畫之前，黑腳貂蝨或加州神鷲蹣蟲也共瀕危（coendangered，現在是共滅絕）。許多物種如今會共滅絕，是因為其所依賴的物種相當稀有。犀牛胃蠅是非洲最大的蒼蠅，只能靠著極危的黑犀與近危的白犀生存，而犀牛面臨的威脅，犀牛胃蠅也同樣躲不掉。[4]

在研究共滅絕與共瀕危時，連斌與我學到，某特定宿主消失時威脅到多少物種，會受到兩項主要因素決定。首先，特定宿主支持越多物種，則宿主物種變稀少時，有越多物種就會共瀕危，而宿主物種若是滅絕，也會有更多物種共滅絕。第二，依賴物種越是對特定宿主特化，則越可能滅絕。

物種若是讓許多其他特化物種依賴，則此物種滅絕會導致許多共滅絕；行軍蟻（army ant，例如鬼針游蟻〔*Eciton burchellii*〕）就是經典的例子。行軍蟻沒有固定蟻窩，會在整個森林遷移，眼前有什麼就吃什麼，也會以自己的身體建立暫時居所，打造出由腳、腹與頭建立的宮殿。雄性行軍蟻飛走，找到新群落，並與新群落的蟻后交配，之後雄蟻就會死亡，受精的蟻后則建立起自己的新群落。為了有好的開始，蟻后會帶著母親的部分群落成員——工蟻。蟻后與工蟻一同步行離開。這種群落成立型態會讓和行軍蟻一同生活的物種從來不必飛行或行走、尋找群落，只要跟隨老蟻后或新蟻后即可。

行軍蟻奇特的生物學，促成許多依賴它們的物種演化，這些依賴物種的特化程度很高。住在行軍蟻身上的蟎蟲多達數十種，我最喜歡的其中一種，是住在某種行軍蟻的大顎上，另一種只住在行軍蟻的腳上。還有一種會冒充行軍蟻的幼蟲，住在幼蟲之間，得到的照料與真正的行軍蟻一樣。有數十種甚至數百種甲蟲會搭行軍蟻的便車在各地移動，或跟隨著前進。蠹魚也會跟隨其後，馬陸亦然。數百萬年來，和每一種行軍蟻共同生活或依賴它們的物種數量持續成長，越來越多。

我的兩位良師卡爾與瑪莉安·雷騰梅爾（Carl and Marian Rettenmeyer）投入畢生精力，花了不少時間在專業生涯中研究與行軍蟻共同生活的物種，鮮少分神於其他事。他們行遍天下，尋找這些物種，做夢也夢到這些物種。透過這番心力，他們估計，光是一種行軍蟻物種（亦即前面提到的鬼針游蟻），其群落就有超過300種動物物種賴以維生（這還不包括其他生命形態，例如細菌或病毒）。卡爾與瑪莉安說，行軍蟻當中的鬼針游蟻，是最多其他物種依賴的動物物種。[5]事實似乎如此——如果不把人類列入考量。

在大加速時期，物種演化出包羅萬象的多樣性，以依賴人類。人類族群成長得越快，前所未見的大量依賴物種加入速度也越快，其中許多和行軍蟻的依賴物種一樣，特化程度很高。

想想那些與我們一起生活的物種。德國蟑螂可撐過核能輻射，塵蟎可在太空中生存（至少有一隻可以，就在俄國和平號太空站上），床蝨則是不屈不撓。對了，褐鼠、黑鼠與小家鼠都隨著人類殖民者，前往每個島嶼或大陸。不過，這些物種與我們**在一起**時活得最好。它們不怕我們發動攻擊，即使這些攻勢已消滅其他物種。但如果少了我們，情況可就不同了。

若少了我們，德國蟑螂可能會發生共滅絕。床蝨會和人類演化之前一樣稀少，只能在蝙蝠洞與一些鳥巢出沒。在COVID-19的疫情衝擊下，紐約市在隔離高峰期就能明顯看出這個情況。人們從曼哈頓離開，待在戶外的時間也減少。他們減少外食的時間，也更少在公園長椅上吃東西，整體而言，就是更少在外頭遊走。這麼一來，累積的垃圾量就減少，於是城市的褐鼠就倒霉了。它們變得更有攻擊性，族群規模也下滑。其他仰賴人類廚餘的物種，例如鋪道蟻（pavement ant，皺家蟻）與家麻雀數量可能也減少。[6]喜歡剩菜剩飯的物種需要我們人類。

不過德國蟑螂、床蝨與鼠輩只是依賴我們的物種中較顯眼的。顯然依賴人類的物種，比依賴其他物種者還多，且數量龐大得前所未見。多數靈長類物種是數十種寄生物的宿主，而整體人類則是數千種寄生物的宿主。[7]人體也是腸道益菌、皮膚菌、陰道菌、口腔菌的宿主，這些細菌不會在其他地方生存。接下來，這些依賴我們的細菌又是其他獨特病毒與噬菌體的宿主。放眼世界，或許還有其他物種可來爭奪最佳宿主的寶座，但就算如此，我也不知道哪個物種有這本事。住在人體的物種之多，如果人類滅絕，會跟著消失的物種數量非常龐大，可能是數千種，甚至數以萬計。

在人體與住家之外，依賴人類的物種甚至更多樣。自從農業開始出現，人類馴化過數百種植物，並在這些物種之間培育與嘉惠近百萬種不同的變種。許多作物的變種收藏在挪威最偏遠的斯瓦爾巴全球種子庫，然而，這個種子庫是仰賴人類，才能確保種子存活。這些種子常得種植，產生更多種子，才能再收藏新的種子。終有一天，這些在斯瓦爾巴的種子也都會滅絕。若把時間框架拉大來看，這不會太久。等那些種子變種都滅絕，仰賴這些種子才能生長的微生物或許早已消失。斯瓦爾巴並未收藏那些微生物（除非剛好在部分種子裡面）。相對地，這些微生物只能在田野作物中找到。如果我們消失，它們也會跟著滅絕，許多最特別的作物害蟲也是。

有些馴化的動物也會滅絕，包括牛與雞，可能也包括馴化的犬。今天有些犬是野犬，但在人類居住區以外的地方很少見。在多數地方，狗需要我們才能長久生存。有些貓也是如此，但有些貓不是。在阿拉斯加，野貓的群落只會短暫存在，沒被吃掉的也無法撐過寒冬。另一方面，在澳洲，成千上萬的貓在內陸地區昂首闊步。澳洲的野貓在人類滅絕之後，仍可能會生存下來。在許多地區，山羊可以持續生存。若論及人類滅絕後的情況，山羊比蟑螂還要堅強。

人類消失促成其他物種共滅絕的情況，最接近的一次，是發生在格陵蘭西部的維京人聚落。維京人在10世紀晚期，開始在格陵蘭殖民，有幾個聚落會農耕，同時也會獵捕海象；海象牙可用來交換原本無法取得的貨品。早期格陵蘭的維京人是住在長屋，後來則住在較中心規劃的聚落。到了冬天，他們會把動物——包括綿羊、山羊、牛與幾匹馬——安置在房屋周圍的牲畜棚。後來氣候變冷，他們的生活方式瓦解，起初是西北邊（因此也比較冷）的聚落，後來則是在東邊的聚落。由於這是相當近期發生的，因此西部聚落瓦解後的幾年，仍可依據考古研究與書面紀錄來重建。在1346年之前的某個時間點，至少有兩個和西部聚落有關的地點發生居民消失的情況，可能是死的死，逃的逃。1346年，伊瓦·波德森（Ívar Barðarsson，

譯註：14世紀出生於挪威的神職人員，曾前往格陵蘭擔任神職，並寫下地形紀錄）造訪其中一處地點，不見任何人跡。從考古研究來看，據信在此地存在已久的常見人類寄生蟲，尤其是蝨子與跳蚤，也消失無蹤。然而，波德森確實發現一些牛和綿羊。這時期的考古紀錄也有綿羊寄生蟲。波德森吃了些牛，留下其他動物。那些動物可能撐過一兩個寒冬，但這個地點終究偵測不到其存在。它們消失之後，寄生物也跟著消失。最後，這個地點所留下的物種大多數是和人類無關；那些物種是格陵蘭的野生動物，它們日子照過，彷彿維京人未曾造訪。[8]

待我們滅絕，最後一頭牛也倒下之後，生命將會從剩餘的東西中重生。艾倫・魏斯曼（Alan Weisman）曾在其著作中《沒有我們的世界》（*The World Without Us*）指出，剩下的物種「會嘆一大口生物界的舒心之氣」。[9]在鬆了這口氣之後，可以想見地球會有什麼重生的跡象。留下來的生物會在天擇的法則下重生，變成充滿多樣性的神奇新型態。就某層面來看，那些生命形式的細節屬於未知之數，但肯定會遵循生命法則。

若考量五億年來的演化，最明顯的結論是，大滅絕之後的物種未必會呼應之前的物種。三葉蟲消失後未必會有更多三葉蟲，最大的草食性恐龍消失後，也沒有巨大的恐龍，甚至連大小差不多的哺乳類草食性動物也沒有（牛可不是雷龍屬）。我

們未必能從過往的細節預測到未來的細節（反之亦然）。這項
認知就是一般所稱的古生物學第五法則。[10]

在大滅絕之後，熟悉的主題會重新發生。演化會重新進行
這些主題，就像爵士樂手可能會呼應另一名樂手的即興重複樂
段。演化生物學家稱這些主題為趨同（convergent）。這是說，
兩個空間、歷史或時間相隔的支系，在類似的環境條件下會演
化出類似的特徵。

有時候，趨同主題相當細膩且獨具特色。犀牛角令人想起
三角龍的角。而在其他例子的趨同演化更為明顯，且是源自於
這樣的現實：若要在特定的生活型態下生存，方法相對較少。
生活在沙漠的蜥蜴演化出蕾絲般的腳趾，這樣更容易在沙子上
多次奔跑。古代的海洋掠食者有鯊魚般的形狀。現代海洋掠食
者幾乎身形相同，不僅鯊魚如此，海豚和鮪魚也不例外。它們
通常也有類似的移動方式（尖吻鯖鯊〔mako shark〕與鮪魚在
游泳時，只移動身體最後三分之一的部分）。古代住在洞穴的
哺乳類通常臀部很大（才能堵住洞穴），至少有一組很大的腳
負責挖掘，通常有儲藏食物的傾向。過著類似生活方式的現代
挖洞哺乳類也一樣。

有些演化支系的趨同程度相當驚人。趨同可能富含細節，
令人讚嘆。演化生物學家喬納森・洛索斯（Jonathan Losos）
在談論趨同演化的佳作《不可思議的生命》（Improbable Des-
tinies）中曾提到，非洲與美洲豪豬看起來很類似，[11]有長長的
脊椎，走路搖搖擺擺，會吃樹皮，而就哺乳動物來說，也不算

太聰明。然而，它們是各自獨立演化出這些特質的。兩者之間關聯，都不比與天竺鼠的關聯大。它們透過一次次的天擇與一代代的演化，就這樣跌跌撞撞，演變出奇特卻又相似的存在方式。

在新墨西哥州圖拉羅薩盆地（Tularosa Basin）的白色沙丘，圍欄蜥蜴與小囊鼠都演化出白色，在環境中保持隱身。顏色深的蜥蜴會被掠食者看見，遭到捕食，而每次的掠食事件，就會讓它們的基因從族群中篩除。在附近圖拉羅薩盆地的棕色草原上，其近親就是棕灰色，方便在草中躲藏。而在圖拉羅薩盆的熔岩平原，其他親戚就會演化出接近黑色，以搭配火山石。[12] 那麼，這種變化有限制嗎？要是我們把沙漠塗成粉紅色，蜥蜴也會演化出粉紅色嗎？黃色呢？說不定會——只要它們有正確的遺傳變異，且有足夠的時間。

在其他地方的乾燥沙漠，小型哺乳類至少有六次演化出以兩腳跳躍的傾向。在乾熱的沙漠中，若有植物會累積鹽分，哺乳類就至少有兩次演化，讓口腔中的毛髮除去植物上的鹽分（這樣才能吃植物的葉子），而更重要的是腎臟特別調整為善於處理高鹽分。同時，在島嶼上，大型哺乳類常會演化成較小的體型（迷你象、迷你猛瑪象）。較小的動物在缺乏較大的動物情況下，也會演化出較大的體型（巨大的地棲型加勒比海貓頭鷹）。同樣地，先前提過，原本會飛的動物經過演化，也不再飛行。近期一項研究指出，島嶼上的鳥類經過演化而失去飛行能力的情況不下百次，遠比之前想像的頻繁。我們忽略了這項事實。忽視許多群島上矮矮胖胖、長著翅膀、走路搖擺的野獸。這些動物很容易被忽視,因為人類一抵達,這些鳥類就很容易滅絕。等到人類開始紀錄生物界時,這些動物已消失。[13]

在某些情況下,我們對於趨同演化的理解相當細膩,會以嚴謹的實驗、數學與數據來形式化。洛索斯花許多時間研究加勒比海安樂蜥。他的腦袋就像是巫婆的大釜,滿是蜥蜴尾巴與腳。透過仔細研究,洛索斯指出,當安樂蜥來到加勒比海島嶼時,可預測(甚至無法避免)會演化出三種基本型態。有些會演化成住在樹冠上,毛茸茸的腳有助於攀附在大小樹枝上。其他經過演化,則可住在枝椏上。這些蜥蜴也有毛茸茸的足部,但腿部和尾巴短短的,以免從枝椏上跌落。還有些演化成地面跑者,有長腿與小小趾墊。這些型態都在加勒比海的四大島嶼上,各自演化一次或多次而成。顯然要成功當個加勒比海安樂蜥,就只有這麼多方法。[14]

當然,還有我在書中已討論過的趨同演化。在面對人類對大自然施加致命壓力時,這種趨同演化會急速發生。有抗藥性的細菌、昆蟲、野草與真菌會演化出來,是預料中的事。其抵抗性通常是因為趨同特質。貝姆安排的巨皿實驗展現出的重複性,也是趨同所造成的。有些例子中,趨同不僅和抵抗性,或我們攻擊的物種運用何種抵抗機制來防護有關,甚至和啟動這些抵抗性的基因有關。

趨同演化的諸多範例，暗示了生命法則會影響哪些物種在未來重新演化。整體而言，這些範例傳達出的是普遍的演化傾向，而不是個別物種的生物學。然而，即使考量物種的細節，過去的預測有時正確。舉例來說，密西根大學教授李察‧亞歷山大（Richard Alexander）長期研究昆蟲社會的演化，例如螞蟻、蜂、白蟻、胡蜂的社會。在這些社會中，部分個體（后與王）會生殖，但大部分不會。這些不會生殖的個體就是工蜂或工蟻，代替后與王工作。這樣的社會稱為有「真社會性」（eusocial）。真社會性的社會在演化中尤為奇特。以演化而言，生物唯一的「目標」就是傳遞自己的基因，然而在蟻、蜂、白蟻與胡蜂中，工蜂工蟻都放棄自己的機會。工蟻工蜂會照料卵與幼蟲、收集食物、保護群落，但不會繁殖，只有在很特殊的情況下才會出現例外。

　　對於工蜂工蟻來說，放棄生殖唯一的演化優勢是，這樣有助於提升親屬的基因昌旺；而親屬的基因有相當高比例與這些工蜂工蟻相同。亞歷山大指出一套環境，說明有這些工蜂工蟻的真社會性群體如何演化。亞歷山大指出，真社會性群體通常會趨同演化的時機，是一同生活的個體為近親，有類似的基因。趨同演化常發生在食物分布不均（這些零散地區的食物足以支持一個以上的個體），而經常發生趨同演化的環境，是個體在這環境團結工作，就能時時守護家園，至少昆蟲是如此。前文提過的白蟻就是例子。白蟻是在原木的侷限空間中，從蟑螂演化而來。在原木中，近親繁殖應屬常見（因此個體彼此都是近親），吃的和住的地方是一樣的，分布不均且有防禦能力。

鳥類、爬蟲類或兩棲類沒有真社會性，而在亞歷山大寫作時，也尚未發現真社會性哺乳類。不過，1975年開始，亞歷山大於北卡羅萊納州立大學等地的系列演講上預測，這樣的哺乳類或許存在。亞歷山大不是在預測未來，而是預測當代世界尚缺乏詳細研究的部分。亞歷山大針對尚有待發掘的哺乳類，提出生物學上的十二項詳細預測。[15]這些哺乳類住在有季節性的沙漠，會住在地下，靠植物根部維生。也可能是齧齒類。亞歷山大在一場場演說中，宣布他的預測。終於在1976年，他在北亞利桑那大學（Northern Arizona University）再度演講時，在場的一位聽眾 ── 哺乳動物學家李察・佛漢（Richard Vaughan）──起身發言，內容大概是「嗯，抱歉，聽起來像在說裸鼴鼠」。後來，同為哺乳動物學家的珍妮佛・賈維斯（Jennifer Jarvis）進行研究，看出裸鼴鼠就具體呈現亞歷山大的預測：這在沙漠地下的真社會性哺乳類動物，看起來赤裸裸、皮膚鬆垮、會吃植物根部。[16]

如果把一群演化生物學家集合起來，請他們像亞歷山大那樣預測人類消失之後的情況，應該挺有意思的。從我對同事進行的非正式調查看來，他們傾向同意在我們消失之後，新物種的演化情況端視於有多少物種消失。整體而言，他們也同意長期下來，生物會變得更多樣，變化多且益發複雜，這種觀點有時也被認為是古生物學的法則。因此，如果某一種支系的物種留下，並存活下來，就會變得不只有一種物種。想想看哺乳類吧：如果還有一大群哺乳類的代表，他們或許會像過去一樣重新演化。如果有五、六種野貓留下，依據地區與細節，或許會演化出幾十種不同貓的新物種，有些比較大，有些比較小。犬科也是一樣，從一種狼或狐狸，變成許多新物種。有些物種或許和今天我們所熟悉的很像，其他物種則可能有難以預測的差異。有證據證明過去已發生過類似的事：在胎盤哺乳類與有袋類哺乳類當中，都會演化出掠食性哺乳類。灰狼是胎盤類哺乳動物；袋狼則是掠食性的有袋類。近年來，哥本哈根大學的助理教授克莉絲蒂・希普斯雷（Christy Hipsley）比較一隻胎盤類哺乳動物與一隻有袋類哺乳動物的頭顱樣本。她發現，袋狼顱骨和黑狼顱骨的相似度之高，超越已研究過的有袋類的相似度。這兩種物種明顯的趨同演化很符合預測，皆演化成中等體型的肉食性動物。但是另一方面，許多有袋類動物（包括袋熊）彼此之間的相似度，遠高於與其他胎盤哺乳類的相似度。[17]

　　我在調查同事（包括洛索斯）看法時，他們也同意，貓或其他哺乳類重新多樣化之後，會出現另一項可預測的特色。整體而言，如果環境條件較冷，則恆溫動物通常會演化出更大的體型。動物身型若較大，則體表面積比例較低，流失的體溫較少。同樣地，如果氣溫變得較溫暖，則動物常會演化出較小的身型（這稱為柏格曼法則〔Bergmann's rule or law〕）。身體較小的動物，通常會有更高比例的體表面積來流汗或散熱。如果人類在遙遠未來滅絕時是冰河期，則較可能生存下來的是體型較大的個體，因此在諸多演化支系中，較可能演化出體型較大的物種。

如果人類是在較溫暖的時期消失，許多物種（尤其是哺乳類）可能演化出較小的身型。在上一次地球格外炎熱的時期，已有體型較小的哺乳動物演化的紀錄，例如小型馬。[18]天擇可不是心血來潮，且不講任何情面，然而，小型馬曾經存在，並在古老的溫暖氣候下奔騰的事實，已是我能想像得到最異想天開的事。如果考量個別物種，在不久前的過往，就出現過熱對體型大小的影響。過去兩萬五千年，在西南沙漠的林鼠體表面積也記錄著氣候變遷。如果氣候炎熱，則身體會縮小。如果氣候寒涼，則體型會更大。[19]

如果我們在身後留下一波更嚴苛的物種絕跡，之後天擇或許會隨心所欲，玩弄著剩下的零碎部分，主動改造這世界。《我們之後的地球》（The Earth After Us）的作者揚‧扎拉謝維奇（Jan Zalasiewicz）與琪姆‧費里德曼（Kim Freedman）在想像多數哺乳動物已滅絕的情況，推斷會有新一套的哺乳類可能演化出來。[20]他們首先假設，最可能多樣化的生物是已廣泛分布、能在無人情況下生存，以及會因為人類消失而孤立（這也表示沒有船舶、飛機、汽車與其他運輸來源）的生物。他們認為，老鼠符合這條件，可在未來生存。有些鼠種與族群很依賴人類（以及我們的存在）。不過，也有許多鼠種並不仰賴人類，甚至有些和人類有關的鼠種族群也不依賴人類；這些鼠就可能成就未來的哺乳類動物相。若能如此，扎拉謝維奇與費里德曼寫道，我們不妨：

> 想像一下，或許有各式各樣的齧齒類從我們今天的大鼠演變……其後代或許有各式各樣的體型與大小；有些比鼩鼱科還小，有些則巨大如象，在草原上漫步，還有些是動作敏捷、強壯，和豹子一樣會奪命。出於好奇心與保持選項開放，我們或許可以想像，其中一兩種大型裸齧齒類住在洞穴中，把岩石打造成原始工具，並穿著它們已宰殺與吃進肚裡的其他哺乳類外皮。我們可以想像，海洋中有和海豹一樣的齧齒類動物，還有兇猛的殺手齧齒類會獵捕它們，那些兇猛的齧齒類身體光滑，呈流線型，宛如今天的海豚和往日的魚龍目（ichthyosaurs）。[21]

　　除了想像得到的演化場景之外，無論我們是思索生物的趨同傾向或其他過程時，都很難不去想那些生物可能非常不同，根本不在我們認知範圍內，因此無從預料。如果大象不存在，我們想像得到這種生物嗎？啄木鳥呢？它們獨特的生活方式與特徵（樹幹與啄木鳥喙）就演化過那麼一次。但我想我們恐怕不那麼有創意，因此想像不出哪些物種既受到演化眷顧，又真正和我們所知的物種不同。畫家在想像此類物種時，經常是給予動物更多個頭（亞歷克西斯·洛克曼〔Alexis Rockman，譯

註：美國當代藝術家，畫作多描述受到氣候變遷與基因工程影響的未來場景。〕）或更多腳（洛克曼的大作也有，不過，還有耶羅尼米斯·波希〔Hieronymus Bosch，譯註：荷蘭15、16世紀的畫家，畫作常描繪人類沉淪，並以惡魔或半人半獸的形象來表現〕之作），或把不同生物的性狀合而為一（劍齒、鹿角、兔耳與偶蹄）。結果往往變成說不過去的大雜燴（例如多頭），或者奇怪得無法成真。然而，既然人類是真實的，那麼我們在地球上找到的部分物種也是。舉例來說，鴨嘴獸有和鴨子一樣的扁扁嘴部，腳上有蹼，尖刺有毒，還有各種其他怪異之處。若不知道鴨嘴獸存在，我們想像得到這種生物嗎？

在思索遙遠未來的奇特特色時，常會考慮在人類之後所出現的物種，是否會演化出我們認為很厲害的智慧，換言之，就是和我們一樣的智慧（結果導致所居住的地球暖化，致使自取滅亡）。我們消失後的未來，會不會屬於變得更聰明的烏鴉，或會打造城市的海豚？答案很明確：可能會。我在一次訪談中問洛索斯，未來會有什麼樣的智慧生物？他想了好一會兒才說，其他靈長類可能演化出像人類一樣的智慧。可能吧。但如果我們導致靈長類滅絕，他就不那麼確定了。[22] 無論如何，我們目前知道的智慧只能在某些情況下才能發揮功用。這在每年環境條件並不確定的情況下或許派得上用場。然而，就連這樣也有某種上限。不確定性超出一定程度之後，連大大的腦部也幫不上忙。或許這就是最後將降臨我們頭上的情況，我們在地球上創造出的環境條件一年比一年難料，無法以人類的創意智慧解決。有時候環境條件變得太過有挑戰性，因此生存下來的物種並非聰明的，而是幸運與生殖力旺盛的。在聰明烏鴉與多產鴿子的競爭上，有時鴿子會勝利。

之後，或許不同的創意智慧在未來會重新蓬勃發展。近年來，有好些書籍是帶著某種急迫性，重新思考是否有某些分散於不同機器的人工智慧能掌控地球。這些機器會在荒野某處學習與複製。我們是不是已踏上建立人工智慧計算機系統的路，而這系統在我們消失後會自我複製？它們會需要尋找能源，會需要自我修護。然而，討論這種可能性的書籍甚多，在此我姑且放下，就交由那些書籍來思索那些會流浪、思索、交配、自我支持的電腦是否能掌控地球。同時值得玩味的是，從某些方面來看，我們寧願聲稱人類可發明另一種能永續生存的實體，這樣似乎比想像我們自己能永續生存簡單。

不過，還有另一種智慧——分散式智慧。蜜蜂、白蟻就具備這種智慧，螞蟻更是精通此道。螞蟻沒有創意智慧，至少個體沒有。相對地，它們的智慧是來自能應用新規則，應付新環境。那些固定的規則讓創意以集體行為的型態浮現出來。若由此觀之，螞蟻與其他昆蟲社會就是電腦出現之前的電腦。它們的智慧和我們的並不相同。它們沒有自我意識，也無法預測未來，不會為了其他物種消失或甚至自己物種的消亡而哀悼。然而，它們可以建立能永久維持的結構。最古老的白蟻丘可能比最古老的人類城市能住得更久。社會性的昆蟲可以永續農耕。切葉蟻會在新鮮葉子上培養真菌，之後再以真菌來餵養幼蟲。

切葉白蟻也會在凋亡的葉子上做一樣的事，還會以身體來搭橋。我們想像中自我教導的機器人某天可能具備的本領，它們全部都會，而且它們是活生生的，已存在於世，控制的地球生物量比例和我們不相上下。它們默默在其世界運作，比我們在自己的世界要安靜，然而集體來說，仍同樣是在世界上運作。由於我們不在，它們會以統治者的身分繁榮生長，至少有一段時間會如此，直到它們也滅絕。

在昆蟲社會消失後，這世界可能是屬於微生物，猶如太初之始，且老實說，就和過去一樣。正如古生物學家史蒂芬・傑伊・古爾德（Stephen Jay Gould）在其著作《生命的壯闊》（*Full House*）中所言：「我們的星球向來都是『細菌世』，從最早的化石——當然是細菌化石——被埋封在岩石時開始。」[23]一旦螞蟻消失，就會仍是細菌時代，或更廣泛的微生物生命時代，至少在環境條件終究因為各種宇宙因素變遷，對微生物來說也太極端之前。之後，地球會安安靜靜，再度成為只由物理化學推動的行星，無數生命法則都不再適用。[24]

附錄

謝辭

　　謝謝維多莉亞‧普賴爾（Victoria Pryor）、T‧J‧凱萊赫（T. J. Kelleher）與布蘭登‧普羅亞（Brandon Proia）為全書提供實用的編輯建議。克莉絲塔‧克萊普（Christa Clapp）協助我從投資者的觀點，思考生態法則的影響。北卡羅來納州立大學應用生態學系及哥本哈根大學演化全基因組學中心（Center for Evolutionary Hologenomics）是重要環境，讓我完成本書中的諸多研究。謝謝美國國家科學基金會給予研究經費，本書的深刻見解即從這些研究中取得；我們能透過對於基礎生物學與整體事實的理解，進而採取實際行動。如果少了史隆基金會（Sloan Foundation）的慷慨支持，本書不會完成。尤其感激多倫‧韋伯（Doron Weber）對於這本書的樣貌有先見之明（但願實現了理想中的成果）。正如以往，最要感謝的是莫妮卡‧桑切斯（Monica Sanchez）。莫妮卡得在我凌晨兩點醒來時，聽我談論關於生物法則的想法，在吃早餐時不只一次聽我談疾病地理學，還要陪我在風景如畫的丹麥海岸漫步，同時討論海平面上升。莫妮卡，謝謝你。

註腳

引言

1　Ghosh, Amitav, *The Great Derangement: Climate Change and the Unthinkable* (Chicago University Press, 2016), 5.

2　Ammons, A. R., "Downstream," in Brink Road (W. W. Norton, 1997).

3　Weiner, J., *The Beak of the Finch: A Story of Evolution in Our Time* (Knopf, 1994), 298.

4　Martin Doyle 提供了關於密西西比河與其運作的實用洞見。請參見馬丁談論美國河流的優秀著作：Doyle, Martin, *The Source: How Rivers Made America and America Remade Its Rivers* (W. W. Norton, 2018).

第一章　令人措手不及的生物巨變

1　Steffen, W., W. Broadgate, L. Deutsch, O. Gaffney, and C. Ludwig, "The Trajectory of the Anthropocene: The Great Acceleration," *Anthropocene Review* 2, no. 1 (2015): 81–98.

2　Comte de Buffon, Georges-Louis Leclerc, *Histoire naturelle, générale et particulière, vol. 12, Contenant les époques de la nature* (De L'Imprimerie royale, 1778).

3　Gaston, Kevin J., and Tim M. Blackburn, "Are Newly Described Bird Species Small-Bodied?," *Biodiversity Letters* 2, no. 1 (1994): 16–20.

4　National Research Council, *Research Priorities in Tropical Biology* (US National Academy of Sciences, 1980).

5　Rice, Marlin E., "Terry L. Erwin: She Had a Black Eye and in Her Arm She Held a Skunk," *ZooKeys* 500 (2015): 9–24; 原刊登在*American Entomologist* 61, no. 1 (2015): 9–15.

6　Erwin, Terry L., "Tropical Forests: Their Richness in Coleoptera and Other Arthropod Species," *The Coleopterists Bulletin* 36, no. 1 (1982): 74–75.

7　Stork, Nigel E., "How Many Species of Insects and Other Terrestrial Arthropods

Are There on Earth?," *Annual Review of Entomology* 63 (2018): 31–45.

8　Barberán, Albert, et al., "The Ecology of Microscopic Life in House-hold Dust," *Proceedings of the Royal Society B: Biological Sciences* 282, no. 1814 (2015): 20151139.

9　Locey, Kenneth J., and Jay T. Lennon, "Scaling Laws Predict Global Microbial Diversity," *Proceedings of the National Academy of Sciences* 113, no. 21 (2016): 5970–5975.

10　Erwin, 引自 Strain, Daniel, "8.7 Million: A New Estimate for All the Complex Species on Earth," *Science* 333, no. 6046 (2011): 1083.

11　這段引言的出處可參見 Robinson, Andrew, "Did Einstein Really Say That?," *Nature* 557, no. 7703 (2018): 30–31.

12　Liu, Li, Jiajing Wang, Danny Rosenberg, Hao Zhao, György Lengyel, and Dani Nadel, "Fermented Beverage and Food Storage in 13,000 Y-Old Stone Mortars at Raqefet Cave, Israel: Investigating Natufian Ritual Feasting," *Journal of Archaeological Science: Reports* 21 (2018): 783–793.

13　依據 Jack Longino 的估計。

14　Hallmann, Caspar A., et al., "More Than 75 Percent Decline over 27 Years in Total Flying Insect Biomass in Protected Areas," *PLOS ONE* 12, no. 10 (2017): e0185809.

15　感謝 Brian Wiegmann、Michelle Trautwein、Frido Welker、Martin Doyle、Nigel Stork、Ken Locey、Jay Lennon、Karen Lloyd 與 Peter Raven 閱讀本章，提供深思熟慮的指教。Thomas Pape 尤其慷慨提供有用的建議。

第二章　都會加拉巴哥群島

1　Wilson, Edward O., *Naturalist* (Island Press, 2006), 15.

2　Gotelli, Nicholas J., *A Primer of Ecology*, 3rd ed. (Sinauer Associates, 2001), 156.

3　Moore, Norman W., and Max D. Hooper, "On the Number of Bird Species in British Woods," *Biological Conservation* 8, no. 4 (1975): 239–250.

4　Williams, Terry Tempest, *Erosion: Essays of Undoing* (Sarah Crichton Books, 2019), ix.

5   Quammen, David, *The Song of the Dodo: Island Biogeography in an Age of Extinction* (Scribner, 1996); Kolbert, Elizabeth, *The Sixth Extinction: An Unnatural History* (Henry Holt, 2014).

6   Chase, Jonathan M., Shane A. Blowes, Tiffany M. Knight, Katharina Gerstner, and Felix May, "Ecosystem Decay Exacerbates Biodiversity Loss with Habitat Loss," *Nature* 584, no. 7820 (2020): 238–243.

7   MacArthur, R. H., and E. O. Wilson, *The Theory of Island Biogeography*, Princeton Landmarks in Biology (Princeton University Press, 2001), 152.

8   Darwin, Charles, *Journal of Researches into the Geology and Natural History of the Various Countries Visited by H.M.S. Beagle, Under the Command of Captain FitzRoy, R.N., from 1832 to 1836* (Henry Colborun, 1839), in chap. 17.

9   Coyne, Jerry A., and Trevor D. Price, "Little Evidence for Sympatric Speciation in Island Birds," *Evolution* 54, no. 6 (2000): 2166–2171.

10   Darwin, Charles, On the Origin of Species, 6th ed. (John Murray, 1872), in chap. 13.

11   Quammen, *The Song of the Dodo*, 19.

12   Izzo, Victor M., Yolanda H. Chen, Sean D. Schoville, Cong Wang, and David J. Hawthorne, "Origin of Pest Lineages of the Colorado Potato Beetle (Coleoptera: Chrysomelidae)," *Journal of Economic Entomology* 111, no. 2 (2018): 868–878.

13   Martin, Michael D., Filipe G. Vieira, Simon Y. W. Ho, Nathan Wales, Mikkel Schubert, Andaine Seguin-Orlando, Jean B. Ristaino, and M. Thomas P. Gilbert, "Genomic Characterization of a South American Phytophthora Hybrid Mandates Reassessment of the Geographic Origins of Phytophthora infestans," *Molecular Biology and Evolution* 33, no. 2 (2016): 478–491.

14   McDonald, Bruce A., and Eva H. Stukenbrock, "Rapid Emergence of Pathogens in Agro-Ecosystems: Global Threats to Agricultural Sustainability and Food Security," *Philosophical Transactions of the Royal Society B: Biological Sciences* 371, no. 1709 (2016): 20160026.

15   Puckett, Emily E., Emma Sherratt, Matthew Combs, Elizabeth J. Carlen, William Harcourt-Smith, and Jason Munshi-South, "Variation in Brown Rat Cranial Shape Shows Directional Selection over 120 Years in New York City," *Ecology and Evolution* 10, no. 11 (2020): 4739–4748.

16   Combs, Matthew, Kaylee A. Byers, Bruno M. Ghersi, Michael J. Blum, Adalgisa Caccone, Federico Costa, Chelsea G. Himsworth, Jonathan L. Richardson, and Jason Munshi-South, "Urban Rat Races: Spatial Population Genomics of Brown Rats (Rattus norvegicus) Compared Across Multiple Cities," *Proceedings of the Royal Society B: Biological Sciences* 285, no. 1880 (2018): 20180245.

17   Cheptou, P.-O., O. Carrue, S. Rouifed, and A. Cantarel, "Rapid Evolution of Seed Dispersal in an Urban Environment in the Weed Crepis sancta," *Proceedings of the National Academy of Sciences* 105, no. 10 (2008): 3796–3799.

18   Thompson, Ken A., Loren H. Rieseberg, and Dolph Schluter, "Speciation and the City," *Trends in Ecology and Evolution* 33, no. 11 (2018): 815–826.

19   Palopoli, Michael F., Daniel J. Fergus, Samuel Minot, Dorothy T. Pei, W. Brian Simison, Iria Fernandez-Silva, Megan S. Thoemmes, Robert R. Dunn, and Michelle Trautwein, "Global Divergence of the Human Follicle Mite *Demodex folliculorum*: Persistent Associations Between Host Ancestry and Mite Lineages," *Proceedings of the National Academy of Sciences* 112, no. 52 (2015): 15958–15963.

20   非常感謝 Christina Cowger、Fred Gould、Jean Ristaino、Yael Kisel、Tim Barraclough、Jason Munshi-South、Ryan Martin、Nate Sanders、Will Kimler、George Hess 與 Nick Gotelli，諸位對本章提供寶貴的意見。

第三章　意外打造出的方舟

1   Pocheville, Arnaud, "The Ecological Niche: History and Recent Controversies," in *Handbook of Evolutionary Thinking in the Sciences*, ed. Thomas Heams, Philippe Huneman, Guillaume Lecointre, and Marc Silberstein (Springer, 2015), 547–586.

2   Munshi-South, Jason, "Urban Landscape Genetics: Canopy Cover Predicts Gene Flow Between White-Footed Mouse (Peromyscus leucopus) Populations in New York City," *Molecular Ecology* 21, no. 6 (2012): 1360–1378.

3   Finkel, Irving, The Ark Before Noah: Decoding the Story of the Flood (Hachette UK, 2014).

4   Terando, Adam J., Jennifer Costanza, Curtis Belyea, Robert R. Dunn, Alexa McKerrow, and Jaime A. Collazo, "The Southern Megalopolis: Using the Past to Predict the Future of Urban Sprawl in the Southeast US," *PLOS ONE* 9, no. 7 (2014): e102261.

5 Kingsland, Sharon E., "Urban Ecological Science in America," in *Science for the Sustainable City: Empirical Insights from the Baltimore School of Urban Ecology*, ed. Steward T. A. Pickett, Mary L. Cadenasso, J. Morgan Grove, Elena G. Irwin, Emma J. Rosi, and Christopher M. Swan (Yale University Press, 2019), 24.

6 Carlen, Elizabeth, and Jason Munshi-South, "Widespread Genetic Connectivity of Feral Pigeons Across the Northeastern Megacity," *Evolutionary Applications* 14, no. 1 (2020): 150–162.

7 Tang, Qian, Hong Jiang, Yangsheng Li, Thomas Bourguignon, and Theodore Alfred Evans, "Population Structure of the German Cockroach, Blattella germanica, Shows Two Expansions Across China," *Biological Invasions* 18, no. 8 (2016): 2391–2402.

8 感謝Adam Terando、George Hess、Nate Sanders、Nick Haddad、Jen Costanza、Jason Munshi-South、Doug Levey、Heather Cayton與Curtis Belyeam閱讀本章並予以指教。

第四章　最後的逃脫

1 Xu, Meng, Xidong Mu, Shuang Zhang, Jaimie T. A. Dick, Bing- tao Zhu, Dangen Gu, Yexin Yang, Du Luo, and Yinchang Hu, "A Global Analysis of Enemy Release and Its Variation with Latitude," *Global Ecology and Biogeography* 30, no. 1 (2021): 277–288.

2 Seyfarth, Robert M., Dorothy L. Cheney, and Peter Marler, "Mon- key Responses to Three Different Alarm Calls: Evidence of Predator Classification and Semantic Communication," *Science* 210, no. 4471 (1980): 801–803.

3 Headland, Thomas N., and Harry W. Greene, "Hunter-Gatherers and Other Primates as Prey, Predators, and Competitors of Snakes," *Proceedings of the National Academy of Sciences* 108, no. 52 (2011): E1470–E1474.

4 Dunn, Robert R., T. Jonathan Davies, Nyeema C. Harris, and Michael C. Gavin, "Global Drivers of Human Pathogen Richness and Prevalence," *Proceedings of the Royal Society B: Biological Sciences* 277, no. 1694 (2010): 2587–2595.

5 Varki, Ajit, and Pascal Gagneux, "Human-Specific Evolution of Sialic Acid Targets: Explaining the Malignant Malaria Mystery?," *Proceedings of the National Academy of Sciences* 106, no. 35 (2009): 14739–14740.

6   Loy, Dorothy E., Weimin Liu, Yingying Li, Gerald H. Learn, Lindsey J. Plenderleith, Sesh A. Sundararaman, Paul M. Sharp, and Beatrice H. Hahn, "Out of Africa: Origins and Evolution of the Human Malaria Parasites Plasmodium falciparum and Plasmodium vivax," *International Journal for Parasitology* 47, nos. 2–3 (2017): 87–97.

7   若想了解更多關於這些寄生物的演化情形,請參閱 Kidgell, Claire, Ulrike Reichard, John Wain, Bodo Linz, Mia Torpdahl, Gordon Dougan, and Mark Achtman, "Salmonella typhi, the Causative Agent of Typhoid Fever, Is Approximately 50,000 Years Old," *Infection, Genetics and Evolution* 2, no. 1 (2002): 39–45.

8   Araújo, Adauto, and Karl Reinhard, "Mummies, Parasites, and Pathoecology in the Ancient Americas," in *The Handbook of Mummy Studies: New Frontiers in Scientific and Cultural Perspectives*, ed. Dong Hoon Shin and Raffaella Bianucci (Springer, forthcoming).

9   Bos, Kirsten I., et al., "Pre-Columbian Mycobacterial Genomes Reveal Seals as a Source of New World Human Tuberculosis," *Nature* 514, no. 7523 (2014): 494–497.

10 Wolfe, Nathan D., Claire Panosian Dunavan, and Jared Diamond, "Origins of Major Human Infectious Diseases," *Nature* 447, no. 7142 (2007): 279–283.

11 Koch, Alexander, Chris Brierley, Mark M. Maslin, and Simon L. Lewis, "Earth System Impacts of the European Arrival and Great Dying in the Americas After 1492," *Quaternary Science Reviews* 207 (2019): 13–36.

12 Matile-Ferrero, D., "Cassava Mealybug in the People's Republic of Congo," in *Proceedings of the International Workshop on the Cassava Mealybug Phenacoccus manihoti Mat.Ferr. (Pseudococcidae)*, 收錄於 INERA- M'vuazi, Bas-Zaire, Zaire, June 26–29, 1977 (International Institute of Tropical Agriculture, 1978), 29–46.

13 Cox, Jennifer M., and D. J. Williams, "An Account of Cassava Mealybugs (Hemiptera: Pseudococcidae) with a Description of a New Species," *Bulletin of Entomological Research* 71, no. 2 (1981): 247–258.

14 Bellotti, Anthony C., Jesus A. Reyes, and Ana María Varela, "Observations on Cassava Mealybugs in the Americas: Their Biology, Ecology and Natural Enemies," in Sixth Symposium of the International Society for Tropical Root Crops, 339–352 (1983).

15 Herren, H. R., and P. Neuenschwander, "Biological Control of Cassava Pests in Africa," Annual Revue of Entomology 36 (1991): 257–283.

16 我在以下著作中，談論更多關於木薯粉介殼蟲的詳細故事：Dunn, Rob, *Never Out of Season: How Having the Food We Want When We Want It Threatens Our Food Supply and Our Future* (Little, Brown, 2017).

17 Onokpise, Oghenekome, and Clifford Louime, "The Potential of the South American Leaf Blight as a Biological Agent," *Sustainability* 4, no. 11 (2012): 3151–3157.

18 Stensgaard, Anna-Sofie, Robert R. Dunn, Birgitte J. Vennervald, and Carsten Rahbek, "The Neglected Geography of Human Pathogens and Diseases," *Nature Ecology and Evolution* 1, no. 7 (2017): 1–2.

19 Fitzpatrick, Matt, "Future Urban Climates: What Will Cities Feel Like in 60 Years?," University of Maryland Center for Environmental Science, www.umces.edu/futureurbanclimates.

20 感謝 Hans Herren、Jean Ristaino、Ainara Sistiaga Gutiérrez、Ajit Varki、Charlie Nunn、Matt Fitzpatrick、Anna-Sofie Stensgaard、Beatrice Hahn、Beth Archie 與 Michael Reiskind 閱讀本章並惠予指教。

第五章　人類的生態棲位

1 Xu, Chi, Timothy A. Kohler, Timothy M. Lenton, Jens-Christian Svenning, and Marten Scheffer, "Future of the Human Climate Niche," *Proceedings of the National Academy of Sciences* 117, no. 21 (2020): 11350–11355.

2 Manning, Katie, and Adrian Timpson, "The Demographic Response to Holocene Climate Change in the Sahara," *Quaternary Science Reviews* 101 (2014): 28–35.

3 Hsiang, Solomon M., Marshall Burke, and Edward Miguel, "Quantifying the Influence of Climate on Human Conflict," *Science* 341, no. 6151 (2013), https://doi.org/10.1126/science.1235467.

4 Larrick, Richard P., Thomas A. Timmerman, Andrew M. Carton, and Jason Abrevaya, "Temper, Temperature, and Temptation: Heat-Related Retaliation in Baseball," *Psychological Science* 22, no. 4 (2011): 423–428.

5 Kenrick, Douglas T., and Steven W. MacFarlane, "Ambient Tempera- ture and Horn Honking: A Field Study of the Heat/Aggression Relationship," *Environment*

and Behavior 18, no. 2 (1986): 179–191.

6　Rohles, Frederick H., "Environmental Psychology—Bucket of Worms," *Psychology Today* 1, no. 2 (1967): 54–63.

7　Almås, Ingvild, Maximilian Auffhammer, Tessa Bold, Ian Bolliger, Aluma Dembo, Solomon M. Hsiang, Shuhei Kitamura, Edward Miguel, and Robert Pickmans, *Destructive Behavior, Judgment, and Economic Decision Making Under Thermal Stress,* working paper 25785 (National Bureau of Economic Research, 2019), https://www.nber.org/papers/w25785.

8　Burke, Marshall, Solomon M. Hsiang, and Edward Miguel, "Global Non-Linear Effect of Temperature on Economic Production," *Nature* 527, no. 7577 (2015): 235–239.

9　感謝項中君、Mike Gavin、Jens-Christian Svenning、徐馳、Matt Fitzpatrick、Nate Sanders、Edward Miguel、Ingvild Almås與Maarten Scheffer閱讀本章並惠予指教。

第六章　烏鴉的智慧

1　Pendergrass, Angeline G., Reto Knutti, Flavio Lehner, Clara Deser, and Benjamin M. Sanderson, "Precipitation Variability Increases in a Warmer Climate," *Scientific Reports* 7, no. 1 (2017): 1–9; Bathiany, Sebastian, Vasilis Dakos, Marten Scheffer, and Timothy M. Lenton, "Climate Models Predict Increasing Temperature Variability in Poor Countries," Science Advances 4, no. 5 (2018): eaar5809.

2　Diamond, Sarah E., Lacy Chick, Abe Perez, Stephanie A. Strickler, and Ryan A. Martin, "Rapid Evolution of Ant Thermal Tolerance Across an Urban-Rural Temperature Cline," *Biological Journal of the Linnean Society* 121, no. 2 (2017): 248–257.

3　Grant, Barbara Rosemary, and Peter Raymond Grant, "Evolution of Darwin's Finches Caused by a Rare Climatic Event," *Proceedings of the Royal Society B: Biological Sciences* 251, no. 1331 (1993): 111–117.

4　Rutz, Christian, and James J. H. St Clair, "The Evolutionary Origins and Ecological Context of Tool Use in New Caledonian Crows," *Behavioural Processes* 89, no. 2 (2012): 153–165.

5　Marzluff, John, and Tony Angell, *Gifts of the Crow: How Perception, Emotion, and*

Thought Allow Smart Birds to Behave Like Humans (Free Press, 2012).

6 Mayr, Ernst, "Taxonomic Categories in Fossil Hominids," in *Cold Spring Harbor Symposia on Quantitative Biology*, vol. 15 (Cold Spring Harbor Laboratory Press, 1950), 109–118.

7 Dillard, Annie, "Living Like Weasels," in *Teaching a Stone to Talk: Expeditions and Encounters* (HarperPerennial, 1988), last paragraph.

8 Sol, Daniel, Richard P. Duncan, Tim M. Blackburn, Phillip Cassey, and Louis Lefebvre, "Big Brains, Enhanced Cognition, and Response of Birds to Novel Environments," *Proceedings of the National Academy of Sciences* 102, no. 15 (2005): 5460–5465.

9 Fristoe, Trevor S., and Carlos A. Botero, "Alternative Ecological Strategies Lead to Avian Brain Size Bimodality in Variable Habitats," *Nature Communications* 10, no. 1 (2019): 1–9.

10 Schuck-Paim, Cynthia, Wladimir J. Alonso, and Eduardo B. Ottoni, "Cognition in an Ever-Changing World: Climatic Variability Is Associated with Brain Size in Neotropical Parrots," *Brain, Behavior and Evolution* 71, no. 3 (2008): 200–215.

11 Wagnon, Gigi S., and Charles R. Brown, "Smaller Brained Cliff Swallows Are More Likely to Die During Harsh Weather," *Biology Letters* 16, no. 7 (2020): 20200264.

12 Vincze, Orsolya, "Light Enough to Travel or Wise Enough to Stay? Brain Size Evolution and Migratory Behavior in Birds," *Evolution* 70, no. 9 (2016): 2123–2133.

13 Sayol, Ferran, Joan Maspons, Oriol Lapiedra, Andrew N. Iwaniuk, Tamás Székely, and Daniel Sol, "Environmental Variation and the Evolution of Large Brains in Birds," *Nature Communications* 7, no. 1 (2016): 1–8.

14 Weiner, J., *The Beak of the Finch: A Story of Evolution in Our Time* (Knopf, 1994).

15 Marzluff and Angell, Gifts of the Crow, 13.

16 Fristoe, Trevor S., Andrew N. Iwaniuk, and Carlos A. Botero, "Big Brains Stabilize Populations and Facilitate Colonization of Variable Habitats in Birds," *Nature Ecology and Evolution 1*, no. 11 (2017): 1706–1715.

17 Sol, D., J. Maspons, M. Vall-Llosera, I. Bartomeus, G. E. Garcia-Pena, J. Piñol, and R. P. Freckleton, "Unraveling the Life History of Successful Invaders," *Science* 337,

no. 6094 (2012): 580–583.

18 Sayol, Ferran, Daniel Sol, and Alex L. Pigot, "Brain Size and Life History Interact to Predict Urban Tolerance in Birds," *Frontiers in Ecology and Evolution* 8 (2020): 58.

19 Oliver, Mary, New and Selected Poems: Volume One (Beacon Press, 1992), 220, Kindle.

20 Haupt, Lyanda Lynn, *Crow Planet: Essential Wisdom from the Urban Wilderness* (Little, Brown, 2009).

21 Thoreau, Henry David, The Journal 1837–1861, Journal 7, September 1, 1854– October 30, 1855 (New York Review of Books Classics, 2009), chap. 5, January 12, 1855.

22 Sington, David, and Christopher Riley, In the Shadow of the Moon (Vertigo Films, 2007), film.

23 Pimm, Stuart L., Julie L. Lockwood, Clinton N. Jenkins, John L. Curnutt, M. Philip Nott, Robert D. Powell, and Oron L. Bass Jr., "Sparrow in the Grass: A Report on the First Ten Years of Research on the Cape Sable Seaside Sparrow (*Ammodramus maritimus mirabilis*)" (unpublished report, 2002), www.nps.gov/ever/learn/nature/upload/MON97-8FinalReportSecure.pdf.

24 Lopez, Barry, *Of Wolves and Men* (Simon and Schuster, 1978).

25 Ducatez, Simon, Daniel Sol, Ferran Sayol, and Louis Lefebvre, "Behavioural Plasticity Is Associated with Reduced Extinction Risk in Birds," *Nature Ecology and Evolution* 4, no. 6 (2020): 788–793.

26 Sol, Daniel, Sven Bacher, Simon M. Reader, and Louis Lefebvre, "Brain Size Predicts the Success of Mammal Species Introduced into Novel Environments," *American Naturalist* 172, no. S1 (2008): S63–S71.

27 Van Woerden, Janneke T., Erik P. Willems, Carel P. van Schaik, and Karin Isler, "Large Brains Buffer Energetic Effects of Seasonal Habitats in Catarrhine Primates," *Evolution: International Journal of Organic Evolution* 66, no. 1 (2012): 191–199.

28 Kalan, Ammie K., et al., "Environmental Variability Supports Chimpanzee Behavioural Diversity," Nature Communications 11, no. 1 (2020): 1–10.

29　Marzluff and Angell, *Gifts of the Crow*, 6.

30　Nowell, Branda, and Joseph Stutler, "Public Management in an Era of the Unprecedented: Dominant Institutional Logics as a Barrier to Organizational Sensemaking," *Perspectives on Public Management and Governance* 3, no. 2 (2020): 125–139.

31　Antonson, Nicholas D., Dustin R. Rubenstein, Mark E. Hauber, and Carlos A. Botero, "Ecological Uncertainty Favours the Diversification of Host Use in Avian Brood Parasites," *Nature Communications* 11, no. 1 (2020): 1–7.

32　Beecher,引用自以下傑出著作 Marzluff, John M., and Tony Angell, *In the Company of Crows and Ravens* (Yale University Press, 2007).

33　感謝 Clinton Jenkins、Carlos Botero、Branda Nowell、Fer- ran Sayol、Daniel Sol、Tabby Fenn、Julie Lockwood、Ammie Kalan、John Marzluff、Trevor Brestoe與 Karen Isler 對本章惠予指教。

第七章　擁抱多樣，抵銷風險

1　Dillard, Annie, "Life on the Rocks: The Galápagos," section 2, in *Teaching a Stone to Talk: Expeditions and Encounters* (HarperPerennial, 1988).

2　Hutchinson, G. Evelyn, "The Paradox of the Plankton," *American Naturalist* 95, no. 882 (1961): 137–145.

3　Titman, D., "Ecological Competition Between Algae: Experimental Confirmation of Resource-Based Competition Theory," *Science* 192, no. 4238 (1976): 463–465. （註：這邊研究報告是大衛・提爾曼〔David Tilman〕把姓氏改成提爾曼〔Tilman〕之前撰寫。）

4　Tilman, D., and J. A. Downing, "Biodiversity and Stability in Grass- lands," *Nature* 367, no. 6461 (1994): 363–365.

5　Tilman, D., P. B. Reich, and J. M. Knops, "Biodiversity and Eco- system Stability in a Decade-Long Grassland Experiment," *Nature* 441, no. 7093 (2006): 629–632.

6　Dolezal, Jiri, Pavel Fibich, Jan Altman, Jan Leps, Shigeru Uemura, Koichi Takahashi, and Toshihiko Hara, "Determinants of Ecosystem Stability in a Diverse Temperate Forest," *Oikos* 129, no. 11 (2020): 1692–1703.

7　可參閱Gonzalez, Andrew, et al., "Scaling-Up Biodiversity-Ecosystem Functioning Research," *Ecology Letters* 23, no. 4 (2020): 757–776.

8　Cadotte, Marc W., "Functional Traits Explain Ecosystem Function Through Opposing Mechanisms, *Ecology Letters* 20, no. 8 (2017): 989–996.

9　Martin, Adam R., Marc W. Cadotte, Marney E. Isaac, Rubén Milla, Denis Vile, and Cyrille Violle, "Regional and Global Shifts in Crop Diversity Through the Anthropocene," *PLOS ONE* 14, no. 2 (2019): e0209788.

10　Khoury, Colin K., Anne D. Bjorkman, Hannes Dempewolf, Julian Ramirez-Villegas, Luigi Guarino, Andy Jarvis, Loren H. Rieseberg, and Paul C. Struik, "Increasing Homogeneity in Global Food Supplies and the Implications for Food Security," *Proceedings of the National Academy of Sciences* 111, no. 11 (2014): 4001–4006.

11　Mitchell, Charles E., David Tilman, and James V. Groth, "Effects of Grassland Plant Species Diversity, Abundance, and Composition on Foliar Fungal Disease," *Ecology* 83, no. 6 (2002): 1713–1726.

12　Khoury et al., "Increasing Homogeneity in Global Food Supplies and the Implications for Food Security."

13　Zhu, Youyong, et al., "Genetic Diversity and Disease Control in Rice," *Nature* 406, no. 6797 (2000): 718–722.

14　Bowles, Timothy M., et al., "Long-Term Evidence Shows That Crop-Rotation Diversification Increases Agricultural Resilience to Ad- verse Growing Conditions in North America," *One Earth* 2, no. 3 (2020): 284–293.

15　感謝 Marc Cadotte、Nick Haddad、Colin Khoury、Matthew Booker、Stan Harpole 與 Nate Sanders 為本章提供絕佳的建議與洞見。也感謝 Delphine Renard 為本章的多個版本予以耐心協助。

第八章　依賴法則

1　"Safe Prevention of the Primary Cesarean Delivery," Obstetric Care Consensus, no.1 (2014), https://web.archive.org/web/20140302063757/http://www.acog.org/Resources_And_Publications/Obstetric_Care_Consensus_Series/Safe_Prevention_of_the_Primary_Cesarean_Delivery.

2　Neut, C., et al., "Bacterial Colonization of the Large Intestine in Newborns

Delivered by Cesarean Section," *Zentralblatt für Bakterio logie, Mikrobiologie und Hygiene. Series A: Medical Microbiology, Infectious Diseases, Virology, Parasitology* 266, nos. 3–4 (1987): 330–337; Biasucci, Giacomo, Belinda Benenati, Lorenzo Morelli, Elena Bessi, and Günther Boehm, "Cesarean Delivery May Affect the Early Biodiversity of Intestinal Bacteria," *Journal of Nutrition* 138, no. 9 (2008): 1796S–1800S.

3   Leidy, Joseph, *Parasites of the Termites* (Collins, printer, 1881), 425.

4   Tung, Jenny, Luis B. Barreiro, Michael B. Burns, Jean-Christophe Grenier, Josh Lynch, Laura E. Grieneisen, Jeanne Altmann, Susan C. Alberts, Ran Blekhman, and Elizabeth A. Archie, "Social Networks Predict Gut Microbiome Composition in Wild Baboons," *elife* 4 (2015): e05224.

5   Dunn, Robert R., Katherine R. Amato, Elizabeth A. Archie, Mimi Arandjelovic, Alyssa N. Crittenden, and Lauren M. Nichols, "The Internal, External and Extended Microbiomes of Hominins," *Frontiers in Ecology and Evolution* 8 (2020): 25.

6   Godoy-Vitorino, Filipa, Katherine C. Goldfarb, Eoin L. Brodie, Maria A. Garcia-Amado, Fabian Michelangeli, and Maria G. Domínguez- Bello, "Developmental Microbial Ecology of the Crop of the Folivorous Hoatzin," ISME Journal 4, no. 5 (2010): 611–620; Godoy-Vitorino, Filipa, Katherine C. Goldfarb, Ulas Karaoz, Sara Leal, Maria A. Garcia- Amado, Philip Hugenholtz, Susannah G. Tringe, Eoin L. Brodie, and Maria Gloria Dominguez-Bello, "Comparative Analyses of Foregut and Hindgut Bacterial Communities in Hoatzins and Cows," *ISME Journal* 6, no. 3 (2012): 531–541.

7   Escherich, T., "The Intestinal Bacteria of the Neonate and Breast-Fed Infant," *Clinical Infectious Diseases* 10, no. 6 (1988): 1220–1225.

8   Domínguez-Bello, Maria G., Elizabeth K. Costello, Monica Contreras, Magda Magris, Glida Hidalgo, Noah Fierer, and Rob Knight, "Delivery Mode Shapes the Acquisition and Structure of the Initial Microbiota Across Multiple Body Habitats in Newborns," *Proceedings of the National Academy of Sciences* 107, no. 26 (2010): 11971–11975.

9   Montaigne, Michel de, *In Defense of Raymond Sebond* (Ungar, 1959).

10 Mitchell, Caroline, et al., "Delivery Mode Affects Stability of Early Infant Gut Microbiota," *Cell Reports Medicine* 1, no. 9 (2020): 100156.

註
脚

11　Song, Se Jin, et al., "Cohabiting Family Members Share Microbiota with One Another and with Their Dogs," *elife* 2 (2013): e00458.

12　Beasley, D. E., A. M. Koltz, J. E. Lambert, N. Fierer, and R. R. Dunn, "The Evolution of Stomach Acidity and Its Relevance to the Human Microbiome," *PLOS ONE* 10, no. 7 (2015): e0134116.

13　Arboleya, Silvia, Marta Suárez, Nuria Fernández, L. Mantecón, Gonzalo Solís, M. Gueimonde, and C. G. de Los Reyes-Gavilán, "C-Section and the Neonatal Gut Microbiome Acquisition: Consequences for Future Health," *Annals of Nutrition and Metabolism* 73, no. 3 (2018): 17–23.

14　Degnan, Patrick H., Adam B. Lazarus, and Jennifer J. Wernegreen, "Genome Sequence of Blochmannia pennsylvanicus Indicates Parallel Evolutionary Trends Among Bacterial Mutualists of Insects," *Genome Research* 15, no. 8 (2005): 1023–1033.

15　Fan, Yongliang, and Jennifer J. Wernegreen, "Can't Take the Heat: High Temperature Depletes Bacterial Endosymbionts of Ants," *Microbial Ecology* 66, no. 3 (2013): 727–733.

16　Lopez, Barry, Of Wolves and Men (Simon and Schuster, 1978), chap. 1, "Origin and Description."

17　Maria Gloria Dominguez-Bello、Michael Poulsen、Aram Mikaelyan、Jiri Hulcr、Christine Nalepa、Sandra Breum Andersen、Elizabeth Costello、Jennifer Wernegreen、Noah Fierer與Filipa Godoy-Vitorino皆為本章提供精闢的洞見指教，謝謝你們。

第九章　蛋頭先生與性愛機器蜂

1　Tsui, Clement K.-M., Ruth Miller, Miguel Uyaguari-Diaz, Patrick Tang, Cedric Chauve, William Hsiao, Judith Isaac-Renton, and Natalie Prystajecky, "Beaver Fever: Whole-Genome Characterization of Water- borne Outbreak and Sporadic Isolates to Study the Zoonotic Transmission of Giardiasis," *mSphere* 3, no. 2 (2018): e00090-18.

2　McMahon, Augusta, "Waste Management in Early Urban Southern Mesopotamia," in *Sanitation, Latrines and Intestinal Parasites in Past Populations,* ed. Piers D. Mitchell (Farnham, 2015), 19–40.

3   National Research Council, *Watershed Management for Potable Water Supply: Assessing the New York City Strategy* (National Academies Press, 2000).

4   Gebert, Matthew J., Manuel Delgado-Baquerizo, Angela M. Oliverio, Tara M. Webster, Lauren M. Nichols, Jennifer R. Honda, Edward D. Chan, Jennifer Adjemian, Robert R. Dunn, and Noah Fierer, "Ecological Analyses of Mycobacteria in Showerhead Biofilms and Their Relevance to Human Health," MBio 9, no. 5 (2018).

5   Proctor, Caitlin R., Mauro Reimann, Bas Vriens, and Frederik Hammes, "Biofilms in Shower Hoses," *Water Research* 131 (2018): 274–286.

6   關於更多這項研究的細節，可在以下書籍看到更多討論：Dunn, Rob, *Never Home Alone: From Microbes to Millipedes, Camel Crickets, and Honeybees, the Natural History of Where We Live* (Basic Books, 2018).（編按：此書有中文版《我的野蠻室友：細菌、真菌、節肢動物與人同居的奇妙自然史》，商周出版：2020年）

7   Ngor, Lyna, Evan C. Palmer-Young, Rodrigo Burciaga Nevarez, Kaleigh A. Russell, Laura Leger, Sara June Giacomini, Mario S. Pinilla- Gallego, Rebecca E. Irwin, and Quinn S. McFrederick, "Cross-Infectivity of Honey and Bumble Bee–Associated Parasites Across Three Bee Families," *Parasitology* 147, no. 12 (2020): 1290–1304.

8   Knops, Johannes M. H., et al., "Effects of Plant Species Richness on Invasion Dynamics, Disease Outbreaks, Insect Abundances and Diversity," *Ecology Letters* 2, no. 5 (1999): 286–293.

9   Tarpy, David R., and Thomas D. Seeley, "Lower Disease Infections in Honeybee (Apis mellifera) Colonies Headed by Polyandrous vs Monandrous Queens," *Naturwissenschaften* 93, no. 4 (2006): 195–199.

10   Zattara, Eduardo E., and Marcelo A. Aizen, "Worldwide Occurrence Records Suggest a Global Decline in Bee Species Richness," *One Earth* 4, no. 1 (2021): 114–123.

11   Potts, S. G., P. Neumann, B. Vaissière, and N. J. Vereecken, "Robotic Bees for Crop Pollination: Why Drones Cannot Replace Bio- diversity," *Science of the Total Environment* 642 (2018): 665–667.

12   感謝David Tarpy、Charles Mitchell、Angela Harris、Nicolas Vereecken、Brad Taylor、Becky Irwin、Kendra Brown、Margarita Lopez Uribe與Noah Fierer對本章的指教與建議。

第十章　與演化共存

1　Warner Bros. Canada, "Contagion: Bacteria Billboard," September 7, 2011, YouTube video, 1:38, www.youtube.com/watch?v=LppK 4ZtsDdM&feature=emb_title.

2　Weiner, J., *The Beak of the Finch: A Story of Evolution in Our Time* (Knopf, 1994), 9.

3　Darwin, Charles, *The Descent of Man*, 6th ed. (Modern Library, 1872), chap. 4, fifth paragraph.

4　Fleming, Sir Alexander, "Banquet Speech," December 10, 1945, The Nobel Prize, www.nobelprize.org/prizes/medicine/1945/fleming /speech/.

5　Comte de Buffon, Georges-Louis Leclerc, *Histoire naturelle, générale et particulière, vol. 12, Contenant les époques de la nature* (De l'Imprimerie royale, 1778), 197.

6　Jørgensen, Peter Søgaard, Carl Folke, Patrik J. G. Henriksson, Karin Malmros, Max Troell, and Anna Zorzet, "Coevolutionary Governance of Antibiotic and Pesticide Resistance," *Trends in Ecology and Evolution* 35, no. 6 (2020): 484–494.

7　Aktipis, Athena, "Applying Insights from Ecology and Evolutionary Biology to the Management of Cancer, an Interview with Athena Aktipis," interview by Rob Dunn, *Applied Ecology News*, July 28, 2020, https://cals.ncsu.edu/applied-ecology/news/ecology-and-evolutionary-biology-to-the-management-of-cancer-athena-aktipis/.

8　Harrison, Freya, Aled E. L. Roberts, Rebecca Gabrilska, Kendra P. Rumbaugh, Christina Lee, and Stephen P. Diggle, "A 1,000-Year-Old Antimicrobial Remedy with Antistaphylococcal Activity," *mBio* 6, no. 4 (2015): e01129-15.

9　Aktipis, Athena, *The Cheating Cell: How Evolution Helps Us Understand and Treat Cancer* (Princeton University Press, 2020).

10　Jørgensen, Peter S., Didier Wernli, Scott P. Carroll, Robert R. Dunn, Stephan Harbarth, Simon A. Levin, Anthony D. So, Maja Schlüter, and Ramanan Laxminarayan, "Use Antimicrobials Wisely," *Nature* 537, no. 7619 (2016): 159.

11　感謝 Peter Jørgensen、Athena Aktipis、Michael Baym、Roy Kishony、Tami Lieberman 與 Christina Lee 為本章給予縝密的建議。

第十一章　自然未到盡頭

1　Dunn, Robert R., "Modern Insect Extinctions, the Neglected Majority," *Conservation Biology* 19, no. 4 (2005): 1030–1036.

2　Koh, Lian Pin, Robert R. Dunn, Navjot S. Sodhi, Robert K. Colwell, Heather C. Proctor, and Vincent S. Smith, "Species Coextinctions and the Biodiversity Crisis," *Science* 305, no. 5690 (2004): 1632–1634.亦可參見以下資料，看看這方法後來的摘要：Dunn, Robert R., Nyeema C. Harris, Robert K. Colwell, Lian Pin Koh, and Navjot S. Sodhi, "The Sixth Mass Coextinction: Are Most Endangered Species Parasites and Mutualists?," *Proceedings of the Royal Society B: Biological Sciences* 276, no. 1670 (2009): 3037–3045.

3　Pimm, Stuart L., *The World According to Pimm: A Scientist Audits the Earth* (McGraw-Hill, 2001).

4　尼伊把這次對話內容撰寫到日後的書籍章節，指出大型物種「蹦蹦跳跳，發出許多聲音」，但是「不太能代表生物多樣性」。他所謂的「大型」是指和螞蟻一樣大，以及更大的動物（從螞蟻到駝鹿都包括在內）。Nee, Sean, "Phylogenetic Futures After the Latest Mass Extinction," in *Phylogeny and Conservation*, ed. Purvis, Andrew, John L. Gittleman, and Thomas Brooks (Cambridge University Press, 2005), 387–399.

5　Jenkins, Clinton N., et al., "Global Diversity in Light of Climate Change: The Case of Ants," *Diversity and Distributions* 17, no. 4 (2011): 652–662.

6　Wehner, Rüdiger, *Desert Navigator: The Journey of an Ant* (Harvard University Press, 2020), 25.

7　Willot, Quentin, Cyril Gueydan, and Serge Aron, "Proteome Stability, Heat Hardening and Heat-Shock Protein Expression Profiles in Cataglyphis Desert Ants," *Journal of Experimental Biology* 220, no. 9 (2017): 1721–1728.

8　Perez, Rémy, and Serge Aron, "Adaptations to Thermal Stress in Social Insects: Recent Advances and Future Directions," *Biological Reviews* 95, no. 6 (2020): 1535–1553.

9　Nesbitt, Lewis Mariano, *HellHole of Creation: The Exploration of Abyssinian Danakil* (Knopf, 1935), 8.

10　Gómez, Felipe, Barbara Cavalazzi, Nuria Rodríguez, Ricardo Amils, Gian Gabriele

Ori, Karen Olsson-Francis, Cristina Escudero, Jose M. Martínez, and Hagos Miruts, "Ultra-Small Microorganisms in the Polyextreme Conditions of the Dallol Volcano, Northern Afar, Ethiopia," *Scientific Reports* 9, no. 1 (2019): 1-9.

11 Cavalazzi, B., et al., "The Dallol Geothermal Area, Northern Afar (Ethiopia)— An Exceptional Planetary Field Analog on Earth," *Astrobiology* 19, no. 4 (2019): 553-578.

12 很感謝Felipe Gómez、Barbara Cavalazzi、Robert Colwell、Mary Schweitzer、Russell Lande、Jamie Shreeve、Serge Aron、Xim Cerda、Cat Cardelus、Clinton Jenkins、許連斌與Sean Nee閱讀本章,提供洞見。謝謝Laura Hug提供卓越的種系發展史知識。

結論　離開生物界

1 Marshall, Charles R., "Five Palaeobiological Laws Needed to Understand the Evolution of the Living Biota," *Nature Ecology and Evolution* 1, no. 6 (2017): 1-6.

2 Hagen, Oskar, Tobias Andermann, Tiago B. Quental, Alexandre Antonelli, and Daniele Silvestro, "Estimating Age-Dependent Extinction: Contrasting Evidence from Fossils and Phylogenies," *Systematic Biology* 67, no. 3 (2018): 458-474.

3 Harris, Nyeema C., Travis M. Livieri, and Robert R. Dunn, "Ectoparasites in Black-Footed Ferrets (*Mustela nigripes*) from the Largest Reintroduced Population of the Conata Basin, South Dakota, USA," *Journal of Wildlife Diseases* 50, no. 2 (2014): 340-343.

4 Colwell, Robert K., Robert R. Dunn, and Nyeema C. Harris, "Coextinction and Persistence of Dependent Species in a Changing World," *Annual Review of Ecology, Evolution, and Systematics* 43 (2012):183-203.

5 Rettenmeyer, Carl W., M. E. Rettenmeyer, J. Joseph, and S. M. Berghoff, "The Largest Animal Association Centered on One Species: The Army Ant *Eciton burchellii* and Its More Than 300 Associates," *Insectes Sociaux* 58, no. 3 (2011): 281-292.

6 Penick, Clint A., Amy M. Savage, and Robert R. Dunn, "Stable Isotopes Reveal Links Between Human Food Inputs and Urban Ant Diets," *Proceedings of the Royal Society B: Biological Sciences* 282, no. 1806 (2015): 20142608.

7 Dunn, Robert R., Charles L. Nunn, and Julie E. Horvath, "The Global Synanthrome

Project: A Call for an Exhaustive Study of Human Associates," *Trends in Parasitology* 33, no. 1 (2017): 4–7.

8 Panagiotakopulu, Eva, Peter Skidmore, and Paul Buckland, "Fossil Insect Evidence for the End of the Western Settlement in Norse Greenland," *Naturwissenschaften* 94, no. 4 (2007): 300–306.

9 Weisman, Alan, *The World Without Us* (Macmillan, 2007), 8.

10 Marshall, "Five Palaeobiological Laws Needed to Understand the Evolution of the Living Biota."

11 Losos, Jonathan B., *Improbable Destinies: Fate, Chance, and the Future of Evolution* (Riverhead Books, 2017).

12 Hoekstra, Hopi E., "Genetics, Development and Evolution of Adaptive Pigmentation in Vertebrates," *Heredity* 97, no. 3 (2006): 222–234.

13 Sayol, F., M. J. Steinbauer, T. M. Blackburn, A. Antonelli, and S. Faurby, "Anthropogenic Extinctions Conceal Widespread Evolution of Flightlessness in Birds," *Science Advances* 6, no. 49 (2020): eabb6095.

14 Losos, Jonathan B., *Lizards in an Evolutionary Tree: Ecology and Adaptive Radiation of Anoles* (University of California Press, 2011).

15 Braude, Stanton, "The Predictive Power of Evolutionary Biology and the Discovery of Eusociality in the Naked Mole-Rat," *Reports of the National Center for Science Education* 17, no. 4 (1997): 12–15.

16 Jarvis, J. U., "Eusociality in a Mammal: Cooperative Breeding in Naked Mole-Rat Colonies," Science 212, no. 4494 (1981): 571–573; Sherman, Paul W., Jennifer U. M. Jarvis, and Richard D. Alexander, eds., *The Biology of the Naked MoleRat* (Princeton University Press, 2017).

17 Feigin, C. Y., et al., "Genome of the Tasmanian Tiger Provides In- sights into the Evolution and Demography of an Extinct Marsupial Carnivore," *Nature Ecology and Evolution* 2 (2018):182–192.

18 D'Ambrosia, Abigail R., William C. Clyde, Henry C. Fricke, Philip D. Gingerich, and Hemmo A. Abels, "Repetitive Mammalian Dwarfing During Ancient Greenhouse Warming Events," *Science Advances* 3, no. 3 (2017): e1601430.

19 Smith, Felisa A., Julio L. Betancourt, and James H. Brown, "Evolution of Body Size in the Woodrat over the Past 25,000 Years of Climate Change," *Science* 270, no. 5244 (1995): 2012–2014.

20 Zalasiewicz, Jan, and Kim Freedman, *The Earth After Us: What Legacy Will Humans Leave in the Rocks?* (Oxford University Press, 2009).

21 Zalasiewicz and Freedman, *The Earth After Us,* chap. 2, section "Future Earth: Close Up."

22 Losos, Jonathan, "Lizards, Convergent Evolution and Life After Humans, an Interview with Jonathan Losos," interview by Rob Dunn, *Applied Ecology News,* September 21, 2020, https://cals.ncsu.edu/applied-ecology/news/lizards-convergent-evolution-and-life-after-humans-an-interview-with-jonathan-losos/.

23 Gould, Stephen Jay, *Full House* (Harvard University Press, 1996), 176.

24 感謝 Bucky Gates、Lindsay Zanno、Jan Zalasiewicz、Mary Schweitzer、Jonathan Losos、Charles Marshall、Robert Colwell、Christy Hipsley、Alan Weisman、Tom Gilbert、Eva Panagiotakopulu 與許連斌閱讀本章,提供洞見與專業知識。

索引

US 005

未來自然史：生物法則所揭示的人類命運

A NATURAL HISTORY OF THE FUTURE: What the Laws of Biology
Tell Us About the Destiny of the Human Species

作　　者	羅伯・唐恩（Rob Dunn）
譯　　者	呂奕欣
責任編輯	林瑾俐
校對協力	李冀
美術設計	賀四英

總 經 理	伍文翠
出版發行	知田出版／福智文化股份有限公司
	地址／105407 台北市八德路三段 212 號 9 樓
	電話／(02) 2577-0637
	客服信箱／serve@bwpublish.com
	心閱網／https://www.bwpublish.com
法律顧問	王子文律師
排　　版	陳瑜安
印　　刷	富喬文化事業有限公司
總 經 銷	時報文化出版企業股份有限公司
	地址／333019 桃園市龜山區萬壽路二段 351 號
	服務電話／(02) 2306-6600 #2111
出版日期	2023 年 09 月　初版一刷
定　　價	新台幣 600 元

ISBN　978-626-97206-4-4

未來自然史：生物法則所揭示的人類命運／羅伯. 唐恩（Rob
Dunn）著；呂奕欣譯. -- 初版. -- 臺北市：知田出版，福智文
化股份有限公司, 2023.09
　　面；　公分. --（US；5）
　　譯自：A natural history of the future : what the laws of
　　biology tell us about the destiny of the human
　　species.

　ISBN 978-626-97206-4-4（平裝）

　1. CST: 自然史　2. CST: 人類生態學

300.8　　　　　　　　　　　　　　　　112011274